EXQUISE PLANÈTE

Pierre Bordage, Jean-Paul Demoule,
Roland Lehoucq,
Jean-Sébastien Steyer

EXQUISE PLANÈTE

Sommaire[1]

---

1. Note de l'éditeur

Cette petite aventure éditoriale a commencé sur une idée de Roland Lehoucq : reprendre à son début le film de l'évolution sur une planète légèrement différente de la Terre. Aux savants calculs de l'astrophysicien se sont adjointes les étranges bestioles du paléontologue Jean-Sébastien Steyer et les curieux bipèdes de l'archéologue Jean-Paul Demoule. L'idée de compléter le tableau par une saga de science-fiction, aussi littéraire que la précédente est scientifique, est encore de Roland Lehoucq, qui a su convaincre Pierre Bordage de se joindre à cette exquise équipe pour faire un livre de science et de fiction pas comme les autres.

Nicolas Witkowski

CHAPITRE 1

Ciel bleu, Soleil orange

« ni tout à fait la même, ni tout à fait
une autre... »

VERLAINE.

L'Étoile se lève, énorme. Posée sur l'horizon, elle est d'un rouge profond, semblable à une braise qui se meurt. Le ciel est encore sombre, dégradé passant du bleu, côté levant, au noir vers le couchant. De nombreuses étoiles y brillent encore. La nuit a été longue, et fraîche. Très fraîche même, comme l'attestent les nombreuses plaques de glace et la belle couche de givre qui recouvre d'étranges arborescences aux sombres ramifications. Le paysage est dégagé, le sol est couvert de roches éparses sur lesquelles s'accrochent des tapis de mucus filiformes. À l'aube, ce monde semble figé par un long sommeil. L'Étoile aussi d'ailleurs, qui paraît immobile dans le ciel, comme si le temps était suspendu. La promesse du jour nouveau se fait attendre. L'air vif est dense, comme s'il avait lui aussi été pétrifié par la nuit. Dans le ciel, un mouvement se remarque. Il s'agit d'un astre très brillant qui, à y regarder de plus près, n'est pas ponctuel comme les étoiles : sa taille apparente est faible mais perceptible. En une dizaine de minutes, il s'est déplacé de façon sensible sur le fond des étoiles encore visibles. C'est certainement un satellite naturel qui, vu son déplacement relativement rapide, doit orbiter assez près de la Planète. Sa trajectoire apparente le dirige vers l'horizon ouest sous lequel il devrait disparaître dans quelques heures. Maintenant, l'Étoile semble avoir légèrement progressé dans son ascension céleste. Un peu plus haut sur l'horizon, elle gagne en luminosité et le ciel commence à s'éclairer. Il faudra encore près de 48 heures terrestres pour vraiment avoir l'impression que le jour s'est levé. Et quel drôle de jour. L'Étoile, qui a viré à l'orangé, paraît quand même bien pâle. Avec une telle couleur, l'astre doit être assez froid et rayonner l'essentiel de sa lumière dans le rouge et l'infrarouge, gamme de couleurs imperceptible à l'œil humain. Le ciel est d'un bleu profond, peu lumineux. C'est que la lumière de l'Étoile est pauvre en bleu, couleur la plus diffusée par les molécules atmosphériques. Avec le lever du jour, la température de l'air est repassée au-dessus de 0 °C. Le givre a quasiment disparu, les plaques de glace ont presque toutes fondu. Au fil des heures, l'Étoile continue sa lente ascension dans le ciel, semblant se rétrécir quelque peu. Et ce n'est pas qu'une illusion d'optique comme celle qui nous fait croire que la Lune est plus grosse quand elle est proche de l'horizon. Sa taille apparente diminue bel et bien, ce qui signifie que la distance qui la sépare de la Planète augmente. Pour que cet effet soit si sensible, cette dernière doit avoir une orbite elliptique marquée, bien plus que la Terre autour du Soleil en tout cas. Voilà que le satellite aperçu au lever du soleil repasse dans le ciel. C'est la deuxième fois depuis le lever de l'Étoile, mais il devient très difficile à percevoir à cause de la luminosité du ciel qui n'a cessé d'augmenter.

Il se passe quelque chose à l'horizon. Des reflets lumineux y sont de plus en plus sensibles comme si quelque chose d'ondulant réfléchissait la lumière du soleil. Une bonne dizaine d'heures plus tard, une masse liquide s'approche, parcourue de vagues dues au vent. La marée, immense, monte inexorablement au rythme de l'ascension stellaire. L'origine des nombreuses flaques, dont certaines ont la taille d'une grande mare, est maintenant évidente. Il s'agit de l'eau laissée par le reflux de la marée précédente. Le paysage est en fait un gigantesque estran. De temps en temps, le sol émet des grondements sourds et semble même vibrer sous les pieds. Les effets de marées se font aussi sentir sur la croûte planétaire, malaxée par les différences de pesanteur qu'elle subit. Un craquement violent déchire l'air humide : une crevasse est en train de s'ouvrir. Elle court sur une dizaine de mètres avant de s'interrompre, une fois l'accumulation d'énergie élastique dissipée. Entre la formidable montée des eaux et l'instabilité chronique du sol, la situation n'est guère rassurante. Au bout d'un peu plus de 10 jours terrestres, l'Étoile culmine dans le ciel. La température est devenue estivale et la marée haute a totalement transformé le paysage, aussi loin que porte le regard. Nous sommes maintenant au bord d'un océan. L'air est lourd et chargé d'humidité.

L'Étoile entame sa descente vers l'ouest. Elle est déjà bien avancée quand un objet brillant se lève sur l'horizon est. Il a l'aspect d'un disque partiellement éclairé du côté du soleil. Il ressemble en tout point à notre Lune sauf que sa taille apparente semble au moins deux fois plus petite. C'est sans aucun doute un autre satellite de la Planète, dont la période semble être bien supérieure à celle de l'autre, qui est déjà passé plusieurs fois dans le ciel depuis le lever du jour. La taille apparente et la luminosité de l'Étoile continuent de décroître au fil des jours et de sa descente vers l'ouest. La température, qui fraîchit peu à peu, reste encore agréable grâce à l'inertie thermique du sol qui relâche la chaleur accumulée durant la longue journée. Depuis la marée haute, l'océan a beaucoup reculé, laissant derrière lui une myriade de trous d'eau de toutes tailles.

Comme l'aube, le crépuscule est interminable. L'Étoile paraît mettre un temps infini pour atteindre l'horizon. Tout aussi rougeâtre qu'au lever et beaucoup plus petite, elle a tout d'un astre mourant. Près de 19 jours terrestres se sont écoulés depuis le début de la « journée ». La température devient vraiment fraîche après la canicule de l'après-midi solaire. L'océan n'est plus visible à l'horizon. Il s'est totalement retiré, comme aspiré par les forces de marée de l'Étoile couchante. Le gros satellite gagne considérablement en présence, à mesure que baisse la luminosité du ciel. Les étoiles les plus brillantes commencent à scintiller. La nuit tombe sur cette étrange Planète.

À première vue, le ciel nocturne ressemble à celui de la Terre : des centaines d'étoiles brillent sur le noir profond de l'espace. Il est bien sûr impossible de reconnaître la moindre constellation terrestre car depuis l'Étoile, distante du Soleil de près de 32 000 années-lumière, le point de vue sur notre galaxie est totalement différent. D'ailleurs, aucune des étoiles du ciel terrestre n'apparaît dans le ciel de la Planète. Inutile aussi d'y chercher le Soleil. À la distance où il se situe, son éclat est si faible qu'il est complètement invisible à l'œil nu. Comme dans le ciel de la Terre, une bande diffuse plus claire barre le ciel nocturne. Il s'agit de la Voie lactée, trace dans le ciel de notre galaxie – la Galaxie – dans laquelle se trouvent le système solaire et celui de la Planète. La Voie lactée apparaît quand même, mais bien pâle car la Planète est située sur le bord extérieur de la Galaxie, à grande distance des régions les plus denses en étoiles, situées vers le centre. Autre chose frappante, la Voie lactée ne fait pas le tour complet du ciel comme c'est le cas quand elle est vue depuis la Terre. Cela est dû au fait que l'Étoile, située plus près du bord de la Galaxie, ne se trouve pas environnée d'autres étoiles, comme l'est le Soleil. Dans la direction opposée au centre galactique, l'anticentre, le regard porte vers l'extérieur de la Voie lactée : la ligne de visée entre alors très rapidement dans des zones de l'espace dénuées d'étoiles. La Voie lactée s'interrompt donc et le ciel nocturne de la Planète présente une grande zone très sombre, quasiment vide d'étoiles, porte ouverte vers le vide intergalactique.

Au cours de la nuit, les étoiles se lèvent vers l'est et se couchent vers l'ouest, comme sur Terre, mais bien plus lentement car la période de rotation de la Planète sur elle-même est beaucoup plus longue, à peu près 19 jours terrestres. Le milieu de la nuit, minuit solaire, se produit un peu plus de 8 jours terrestres après le coucher de l'Étoile. La température de l'air est devenue glaciale. La marée a commencé sa remontée depuis une vingtaine d'heures, toujours accompagnée de soubresauts telluriques. Elle est maintenant à son maximum. La surface de l'océan luit à la lumière du satellite qui illumine désormais le ciel, entouré d'un halo lumineux dû à la condensation de l'humidité d'altitude en minuscules cristaux de glace. Une dizaine d'heures avant minuit, un objet étonnant a commencé son ascension dans le ciel. Il s'agit manifestement d'un immense amas d'étoiles. L'œil humain le percevrait sous forme d'un disque diffus, piqueté de centaines de points lumineux relativement faibles mais parfaitement séparables individuellement. Le centre de l'amas semble tellement dense en étoiles que le regard ne peut les distinguer les unes des autres. Il s'agit d'un amas globulaire, ensemble de plusieurs centaines de milliers d'étoiles distribuées dans une sphère dont la taille est de l'ordre d'une centaine d'années-lumière. Sa luminosité en fait l'un des objets les plus brillants du ciel nocturne. Il est bien visible en dépit de la lumière émise par le plus gros des deux satellites naturels de la Planète. Mais c'est surtout par sa taille apparente que cet « Œil dans le ciel » impressionne : elle est dix fois supérieure à celle du plus gros des satellites. Situé à la limite du grand vide d'étoiles et de la Voie lactée, un peu au-dessus de son plan, on dirait l'œil d'un dieu scrutant ce monde nouveau.

Subtils équilibres

À l'extrémité d'un des deux bras spiralés de la Voie lactée, à 44 000 années-lumière de son centre, le nuage interstellaire tourne si lentement qu'il semble immobile.

Illuminées par les rares étoiles alentour, ses régions extérieures luisent faiblement. Le nuage est immense. La lumière, qui franchit pourtant 300 000 kilomètres – l'équivalent de 7,5 fois le tour de la Terre – en une seconde, mettrait une quinzaine d'années à le traverser d'un bout à l'autre. Si elle pouvait le faire. Car en dépit de sa faible densité, le nuage est totalement opaque. La lumière des étoiles environnantes ne parvient pas à pénétrer son cœur, où règnent les plus sombres ténèbres. Vu de loin, c'est une nébuleuse obscure qui masque totalement la lumière des étoiles situées en arrière-plan au point de donner l'impression qu'un trou sombre perce le fond étoilé. Cela lui donne un air matériel, tangible, alors qu'il ne contient que quelques centaines de molécules par centimètre cube. Au regard des normes terrestres, cette densité est extrêmement faible : chaque centimètre cube de l'air que nous respirons en contient des millions de milliards de fois plus. La réalité est que le nuage est plus vide que le meilleur vide que nous sachions faire sur Terre. La composition de ce gaz très ténu est largement dominée par la molécule d'hydrogène, constituée de deux atomes du même nom. Mais la diversité moléculaire est la règle car on en trouve plus de 140, de l'ammoniac à la vapeur d'eau en passant par le monoxyde de carbone, molécule la plus abondante après celle d'hydrogène. Le nuage contient aussi des « poussières », de très fines particules beaucoup plus grosses que les molécules. Les plus petites ne comportent que quelques dizaines d'atomes, mais les plus grosses en rassemblent quelques milliards. Leur taille est tout de même de 100 à 1 000 fois inférieure au diamètre d'un cheveu.

Dans ce nuage interstellaire, deux forces antagonistes s'affrontent. La cohésion du nuage résulte de l'attraction gravitationnelle entre les particules, gaz et poussières qui le constituent, qui tend à les rapprocher les unes des autres. Mais les mouvements de ses particules engendrent une pression dont les variations s'opposent à l'action de la gravité. Si le nuage ne s'effondre pas sur lui-même sous l'effet de sa propre gravité, c'est que la pression augmente régulièrement quand on s'y enfonce de sorte que les couches profondes supportent le poids de celles qui les surplombent. Cette situation est analogue à celle de l'atmosphère terrestre dont la pression décroît avec l'altitude, les couches les plus basses étant comprimées par le poids des couches supérieures. Le même phénomène prévaut dans les océans où la pression augmente avec la profondeur.

Lieu de la lutte entre gravité et pression, le nuage interstellaire hésite entre chauffage et refroidissement. Il est froid, très froid même, mais selon les régions sa température varie de – 253 à – 193 °C. Ces différences de température résultent de l'inhomogénéité du flux lumineux que reçoit l'ensemble du nuage. La température d'une région est en effet fixée par le jeu entre chauffage – par l'énergie lumineuse reçue de l'extérieur – et refroidissement – conséquence de l'énergie rayonnée sous forme de lumière infrarouge. Les zones les plus froides se situent logiquement au cœur du nuage, très sombre, où elles sont très faiblement chauffées par la lumière des étoiles voisines. En revanche, les régions les plus chaudes se trouvent dans le bord externe. Le jeu entre chauffage et refroidissement fait que, dans certaines régions, une instabilité couve. Au cœur du nuage, où la lumière des étoiles ne parvient quasiment pas, la température est suffisamment basse pour que la pression du gaz ne puisse plus supporter le poids des couches externes. La gravité l'emporte alors et contraint le gaz des régions centrales à s'effondrer sur lui-même.

Dans un gaz habituel, cette contraction engendrerait un échauffement et une compression qui finiraient par arrêter le processus. Mais ici, le nuage est sous l'influence de sa propre gravité. L'énergie libérée par sa contraction est rayonnée – perdue – sous forme de lumière. Pour compenser cette hémorragie, le nuage n'a d'autre choix que de ponctionner son « compte en banque » d'énergie gravitationnelle, ce qui active sa contraction. En fait, la région instable ne s'effondre pas d'un bloc, mais plutôt en une succession de morceaux de plus en plus petits. Cette fragmentation se poursuit tant que l'énergie gravitationnelle libérée par la contraction s'échappe sous forme de rayonnement lumineux aussi vite qu'elle est produite. Mais, si les fragments sont de plus en plus petits, ils sont aussi de plus en plus denses. En dessous d'une certaine taille, leur densité est suffisamment grande pour que le gaz devienne opaque à son propre rayonnement. Du coup, l'hémorragie énergétique se réduit, ce qui ralentit la contraction : l'effondrement et la fragmentation sont quasi stoppés. Le plus petit fragment possible a une masse de l'ordre de celle de la planète Jupiter (un millième de masse solaire) et une taille de l'ordre de 10 fois la distance qui sépare la Terre du Soleil. Sous l'effet de la gravité, les ultimes fragments se condensent en sphères qui tournent sur elles-mêmes plus vite que la région dont elles sont issues. Ces sphères en rotation sont les embryons des futures étoiles.

Au cœur de l'Étoile

Au sein du grand nuage s'est formé un chapelet de condensations de tailles et de masses variées, les « cœurs protostellaires », dont la température augmente au rythme de leur effondrement. Leur parcours vers un équilibre stable est ponctué par quelques étapes importantes. Vers 2 000 degrés, l'énergie thermique des molécules est suffisante pour que leurs collisions les brisent en atomes. La molécule d'hydrogène étant la plus abondante, l'atome d'hydrogène domine largement la démographie atomique. Briser les molécules consomme de l'énergie thermique, dont la disparition favorise la contraction du cœur, augmentant d'autant la température du gaz. Au-delà de 3 000 degrés, les collisions entre atomes sont suffisamment intenses pour qu'ils perdent leurs électrons – on dit qu'ils s'ionisent. Cette ionisation généralisée consomme encore une partie de l'énergie thermique, ce qui accélère une nouvelle fois la contraction gravitationnelle. À l'augmentation de la température s'ajoute maintenant celle de la pression interne du gaz. Quand elle est suffisante pour supporter la gravité de l'étoile en formation, la contraction ralentit sensiblement et la matière en effondrement atteint un état de quasi-équilibre, de forme sphérique : la proto-étoile. Pendant ce temps, le gaz du halo qui entoure la proto-étoile continue de chuter sur sa surface, ce qui augmente sa masse mais aussi sa température. Au centre de l'astre, la température finit par atteindre 1 million de degrés, valeur à partir de laquelle les noyaux de deutérium, un isotope de l'hydrogène, se combinent avec ceux d'hydrogène pour former un noyau d'hélium-3. L'énergie dégagée par cette fusion thermonucléaire du deutérium stoppe la contraction, car elle compense l'énergie rayonnée par les couches extérieures de la proto-étoile.

Le deutérium est un noyau rare dans l'univers ; il est 40 000 fois moins abondant que l'hydrogène, et la quantité contenue dans la proto-étoile est limitée. En quelques millions d'années, il sera totalement consommé. Faute de l'énergie produite par la fusion du deutérium, le cœur de la proto-étoile subira à nouveau une phase de lente contraction. Quand la température dépassera une dizaine de millions de degrés, les noyaux d'hydrogène, qui constituent 90 % des noyaux de l'univers, fusionneront à leur tour. C'est l'énergie dégagée par ces réactions nucléaires qui permettra à l'étoile nouveau-née de briller durablement. Une petite étoile va particulièrement nous intéresser. Elle n'a mis que quelques millions d'années pour se former et brillera des milliers de fois plus longtemps. L'Étoile n'a rien d'exceptionnel : elle est 3 fois moins massive que notre Soleil et sa température de surface de seulement 3 500 °C en fait un astre plutôt froid. Elle apparaîtrait rougeâtre à un œil humain. Alliée à sa petite taille, cette température lui confère une luminosité 50 fois plus faible que celle du Soleil, ce qui lui permettra de briller bien plus longtemps que lui, plusieurs dizaines de milliards d'années. Parmi toutes les nouveau-nées, l'Étoile n'est qu'une braise rougeoyante, une « naine rouge ».

Gravitation

Durant sa formation, l'Étoile est restée enfouie dans une enveloppe suffisamment dense pour absorber totalement la lumière qu'elle émet. Seuls les très énergétiques rayons X ayant l'énergie suffisante pour traverser l'enveloppe gazeuse, c'est dans leur gamme d'énergie qu'il faudra la chercher. Mais la belle se trahira aussi dans une autre gamme lumineuse. Au fil du temps, la future Étoile capte la plus grande partie de la matière du cœur protostellaire, essentiellement de l'hydrogène et de l'hélium. Les poussières, bien plus lourdes que les atomes, devraient elles aussi tomber à sa surface. Elles ne le font pourtant pas car elles en sont repoussées par la pression exercée par sa lumière. L'Étoile reste donc entourée d'une enveloppe de poussières, contenant aussi un peu de gaz, reste du nuage au sein duquel elle s'est formée. Cette enveloppe chaude et opaque se signale à l'observateur extérieur par une émission infrarouge qui s'ajoute au rayonnement propre de l'étoile. Rayons X et lumière infrarouge sont donc les deux moyens dont un paparazzi cosmique dispose pour immortaliser la naissance d'une étoile.

La pression qui règne dans l'enveloppe qui entoure l'Étoile est très faible. Trop faible. Incapable de lutter contre sa propre gravité, l'enveloppe s'effondre sur elle-même et prend la forme d'un disque situé dans le plan équatorial de l'étoile. Pourquoi un disque ? Parce que la matière est en rotation, ce qui crée une force centrifuge qui déforme la sphère initiale en étirant les régions équatoriales. Une partie de cette matière tombe sur l'Étoile à un rythme très lent, de l'ordre de quelques millièmes à quelques centièmes de la masse de la Terre chaque année. Cette phase d'accumulation de matière dure de quelques millions à quelques dizaines de millions d'années. Le rayon du disque est 100 fois supérieur à la distance qui sépare la Terre du Soleil et il contient quelques pour cent de la masse de l'étoile, principalement sous forme de gaz. On y trouve aussi des poussières qui vont jouer un rôle fondamental dans la formation des futures planètes. Ce sont des agrégats d'éléments réfractaires comme les silicates et les métaux, mais aussi de glaces, dont la taille, de l'ordre du millième de millimètre, est au moins dix fois inférieure au diamètre d'un cheveu.

Pendant et après son effondrement, le disque se refroidit lentement. Les éléments chimiques les plus réfractaires, qui ont une température de fusion élevée, se condensent dans les régions les plus proches de l'Étoile. En revanche, les éléments volatils, qui se vaporisent facilement, se condensent plus loin sous forme de glaces. Ces éléments ne peuvent rester bien longtemps près de l'Étoile car l'agitation thermique due à la température élevée est suffisante pour leur permettre de s'échapper du disque. Très tôt dans son histoire, la composition du disque protoplanétaire dépend de la distance à l'Étoile : il est chimiquement stratifié. Loin de l'Étoile, il est froid, constitué de glaces d'eau, de méthane, d'ammoniaque ou d'oxyde de carbone. Près de l'Étoile, où la température est beaucoup plus élevée, ce sont les éléments réfractaires qui dominent la démographie moléculaire tels que l'alumine, les oxydes métalliques ou certains composés du calcium et du magnésium. Finalement, la composition chimique du système planétaire en devenir est une conséquence directe des variations de température dans le disque protoplanétaire.

Accrétion

Dans le disque protoplanétaire, gaz et grains ne sont pas immobiles. Ils évoluent d'abord sous l'action de la gravité du disque qui attire ces particules vers lui. Mais la pression du gaz s'oppose à la gravité et les maintient en suspension dans le disque. Les grains, beaucoup plus lourds que les molécules du gaz, sont moins sensibles aux forces de pression. Ils ont donc tendance à tomber vers le plan du disque protoplanétaire, mais les plus petits, qui sont les plus affectés par la friction du gaz, tombent plus lentement que les gros. Cette différence de vitesse de chute vers le disque fait que les gros grains ressentent une sorte de « vent de face » de petits grains qu'ils accumulent par collage de surface en les balayant sur leur passage. La même chose se produit avec le mouvement de rotation autour de l'Étoile. À l'équilibre entre pression et gravité, la vitesse de rotation du gaz autour de l'étoile est inférieure à la vitesse qu'aurait un corps situé à la même distance et ne subissant que la gravité de l'Étoile. Les plus petits grains, qui suivent en gros le mouvement du gaz, ont aussi une vitesse de rotation plus lente que celle imposée par la seule gravité. Le jeu de la gravité et de la pression exercée par le gaz sur les grains permet ainsi leur agglomération au voisinage du plan équatorial du disque : petit à petit, les gros grains capturent les plus petits au fil de leurs collisions. En quelques milliers d'années, le disque de poussière voit son épaisseur diminuer et prend la forme d'une fine couche de grains de taille millimétrique à centimétrique, baignée dans un disque de gaz plus épais.

Plusieurs mécanismes peuvent alors œuvrer à la croissance des grains de sorte que leur taille va passer du centimètre au kilomètre. Si la matière du disque n'est pas trop agitée et si sa densité est suffisamment importante, le disque de grains devient instable sous l'effet de sa propre gravité. Il se fragmente alors en grumeaux qui s'effondrent ensuite sur eux-mêmes, reproduisant à une échelle plus petite ce qui s'est passé dans le nuage protostellaire. Néanmoins, les conditions nécessaires pour atteindre ce régime instable sont très contraignantes : l'épaisseur du disque doit être extrêmement faible, de l'ordre de la taille de quelques grains, délicat équilibre que la moindre perturbation pourrait détruire. En revanche, une agitation plus importante de la matière du disque favorise les collisions entre grains proches, leur permettant ainsi de se coller efficacement les uns aux autres grâce à des processus chimiques de surface. Dans ce dernier scénario, la matière s'accumule au sein de tourbillons gazeux initialement présents dans la nébuleuse protostellaire. Des forces dues à la rotation du disque poussent les grains à s'accumuler au cœur des tourbillons, créant localement des régions plus denses, exactement à la manière dont les déchets plastiques qui polluent nos océans s'accumulent dans les gigantesques tourbillons océaniques. Au-delà d'une certaine limite, ces régions denses en grains deviennent gravitationnellement instables et s'effondrent sur elles-mêmes. Ces divers processus aboutissent à peu près au même résultat final : le disque protoplanétaire est désormais composé de gaz dans lequel se trouvent des objets condensés. Ces « planétésimaux » sont situés dans le plan équatorial de l'Étoile et leur taille typique est de l'ordre du kilomètre dans les régions les plus proches de l'Étoile. Il n'a fallu que quelques centaines de milliers d'années pour faire apparaître les briques de base à partir desquelles de véritables planètes vont pouvoir se former.

Les planétésimaux ne tournent pas parfaitement « rond » autour de l'Étoile. Les hasards de leur formation leur ont donné une vitesse d'agitation, faible comparée à leur vitesse de révolution autour de l'Étoile, qui déforme un peu leur orbite. Ces mouvements erratiques permettent que, de temps en temps, deux planétésimaux se rencontrent. La vitesse relative de ces collisions, de l'ordre de quelques dizaines de kilomètres par heure, est suffisamment faible pour que les deux corps impliqués restent liés sous l'effet de leur gravité. Des débris sont bien sûr éjectés, mais ils finissent par retomber sur le nouvel objet, issu de la collision, car la vitesse d'éjection est inférieure à la vitesse de libération, celle qu'il leur faudrait atteindre pour s'échapper définitivement. Ce modèle de « collage gravitationnel » est évidemment très dépendant de la vitesse relative des planétésimaux du disque : c'est le paramètre qui fixe à la fois le rythme et l'issue des collisions. Si la vitesse de collision est très élevée, les rencontres sont fréquentes mais le collage est inefficace et les planétésimaux sont fragmentés en nombreux débris, qui s'échappent au loin. Tout est à recommencer. En revanche, si la vitesse de collision est trop faible, le collage gravitationnel fonctionne bien, mais les rencontres entre planétésimaux sont rares. Comme dans *Boucle d'or et les trois ours*, la vitesse de collision idéale n'est ni trop grande, ni trop petite…

Encore une fois, la gravité jour un rôle primordial dans le destin des planétésimaux. Les plus massifs, dotés d'une gravité plus forte, attirent efficacement les petits planétésimaux qui les entourent. Ils deviennent alors encore plus gros et attirent encore plus fortement les autres petits corps de leur voisinage, et ainsi de suite. Cet effet « boule de neige » permet aux corps les plus gros d'atteindre quelques centièmes de masse terrestre en environ 100 000 ans. C'est l'avènement des protoplanètes. La disparition progressive du disque de grains et de poussières au fil de la formation des protoplanètes induit une diminution du rayonnement infrarouge intense qui prévalait dans le disque protoplanétaire. La disparition complète de cet excès infrarouge marque la naissance des planètes.

Bienvenue sur la Planète

À la fin de l'époque de l'accrétion, le disque se compose de quelques dizaines à quelques centaines de protoplanètes dont la masse est de l'ordre de 1 % de celle de la Terre. Ayant capté toute la matière qui était à leur portée, elles ne grossissent quasiment plus. Mais leurs masses sont devenues suffisantes pour qu'elles puissent s'influencer mutuellement *via* leur gravité. Les perturbations que chacune subit de la part de toutes les autres modifient, lentement mais sûrement, les orbites au point que certaines finissent par se croiser. Ces nouvelles configurations ouvrent la possibilité de gigantesques collisions entre ces jeunes mondes. Ces chocs ont lieu à des vitesses relatives autrement plus importantes que celles qui préva-laient dans le disque protoplanétaire. Mais étant donné leurs masses, les jeunes planètes sont désormais capables de résister à des collisions aussi violentes, et leur gravité est tout à fait suffisante pour récupérer la plupart des fragments éjectés dans l'espace. Au fil des collisions, le nombre des protoplanètes diminue tandis que la masse des survivantes augmente en proportion. En une centaine de millions d'années, il ne reste plus que quelques gros objets de masses voisines de celle de la Terre. Pendant ce temps, la nébuleuse de gaz se dissipe sous l'effet de la pression exercée par le rayonnement de l'Étoile dont la luminosité augmente avant de se stabiliser durablement. L'Étoile n'est plus alors entourée, en plus des planètes elles-mêmes, que par un mince disque de débris.

La petite taille de l'Étoile ne l'empêche pas d'avoir son cortège de planètes : quatre ont pu se former à partir du petit disque de gaz et de poussières, reliquat du nuage dont l'Étoile est issue. La planète la plus proche de l'Étoile est aussi la plus petite : c'est un gros caillou d'un peu plus de 1 000 kilomètres de diamètre et situé à environ 2 millions de kilomètres. En dépit de la faible luminosité de l'Étoile, le flux de lumière que cette planète en reçoit est suffisant pour carboniser sa surface dont la température moyenne est de plusieurs centaines de degrés. C'est un monde désertique et mort. Les deux plus grosses planètes, qui sont aussi les plus lointaines, orbitent aux confins glacés du système. Ce sont des planètes gazeuses et bleu-tées qui ressemblent beaucoup à Uranus et à Neptune. Mais l'ultime planète, notre Planète, en deuxième position du cortège qui entoure l'Étoile, est de loin la plus intéressante.

Les premiers âges de la Planète sont spectaculaires. La chaleur dégagée par le bombardement météoritique intense qui suit sa formation est telle que les premières centaines de kilomètres fondent en un océan magmatique. Les métaux denses (le fer est le plus dense parmi les éléments abondants) et les silicates se séparent pour former un noyau entouré d'un manteau. Apparaît alors le champ magnétique, qui protégera un temps la surface de la Planète du flux de particules de haute énergie issu de son Étoile et de l'espace profond. En moins de 100 millions d'années, la température de surface devient suffisamment basse pour permettre la formation d'une croûte solide. Les gaz qui se dégagent de cet enfer de roches liquides, puis solides, constituent l'atmosphère primitive de la Planète. Proche de la composition des gaz volcaniques, cette atmosphère contient essentiellement gaz carbonique (CO_2), vapeur d'eau (H_2O), monoxyde de carbone (CO), diazote (N_2), dihydrogène (H_2) et acide chlorhydrique (HCl). La pression atmosphérique est alors de l'ordre de 200 bars et l'eau atmosphérique commence à tomber en pluie dès que la température descend en dessous de 350 °C. L'eau peut rester liquide à la surface et de vastes étendues se forment. Pendant ce temps, les orbites des deux géantes gazeuses se modifient lentement sous l'effet de leurs interactions avec le disque de débris. Cela déstabilise la ceinture d'astéroïdes, dont beaucoup sont éjectés vers la partie centrale du système planétaire. Il en résulte un bombardement météoritique tardif qui refond plusieurs fois la croûte solide et vaporise l'atmosphère jusqu'à sa stabilisation définitive. Des océans se reforment, grâce notamment au bombardement d'astéroïdes couverts de glace et de noyaux cométaires. La Planète se refroidit. Près de 250 millions d'années après sa formation, les conditions nécessaires à l'apparition de la vie sont enfin réunies.

Dans son état final, la Planète a une masse d'un tiers supérieure à celle de la Terre et sa gravité de surface est presque (90 %) celle de la Terre : un humain pourrait donc y marcher sans ressentir une grande différence. Cela lui donne un rayon de 7 600 kilomètres, un peu supérieur à celui de la Terre. Du coup, sa densité est aussi un peu plus faible, ce qui lui donne une composition approchant celle de Vénus, moins riche en métaux lourds comme le fer ou le nickel, et avec une plus forte proportion de soufre. Au moment de sa formation, la Planète fut heurtée par un des corps du disque protoplanétaire. Cette collision a significativement augmenté sa masse, mais a aussi permis que le plus gros débris se mette en orbite. De plus, un astéroïde de petite taille fut capturé par la Planète durant la période du grand bombardement. Désormais, deux astres lumineux, deux satellites naturels plus petits que notre Lune, passent régulièrement dans le ciel. Le plus gros a un diamètre de 1 500 kilomètres, voisin de celui de l'astéroïde Cérès, et orbite à 450 000 kilomètres de la Planète avec une période d'environ 30 jours. Le plus petit ne mesure que 50 kilomètres de diamètre et, se trouvant à seulement 60 000 kilomètres de la Planète, tourne autour d'elle en un jour et demi. Contrairement au gros satellite, sa forme n'est pas tout à fait sphérique. Vu de la Planète, le gros satellite a une taille apparente plus de deux fois inférieure à celle de la Lune vue depuis la Terre, tandis que le plus petit est dix fois moins imposant. Avec une taille apparente bien plus petite que celle de l'Étoile, ces satellites ne produisent pas d'éclipses totales comme on en voit sur Terre. Ils peuvent toutefois passer de temps en temps devant le disque de l'astre du jour, provoquant ainsi une légère baisse de la luminosité diurne. Le principal spectacle réside dans leur présence simultanée dans le ciel de la Planète, d'autant que leur luminosité est suffisamment élevée pour les rendre visibles en plein jour. Ce sont les astres les plus brillants du ciel de la Planète, après l'Étoile bien sûr.

Sous l'emprise des marées

Les hasards de sa formation ont placé la Planète sur une orbite elliptique qu'elle met un peu moins de 38 jours terrestres à boucler. La distance entre la Planète et l'Étoile varie donc au cours du temps, passant de 20,3 millions de kilomètres au plus près – le périastre – à 24,8 millions de kilomètres au plus loin – l'apoastre. La Planète subissant la force gravitationnelle de l'Étoile, dont l'intensité est proportionnelle à l'inverse du carré de la distance qui les sépare, toutes les parties de la Planète ne subissent pas la même attraction de la part de l'Étoile : les plus proches, du côté diurne, sont ainsi plus fortement attirées que celles situées à l'opposé, du côté nocturne. Ces différences d'attraction gravitationnelles, les forces de marée, déforment le corps qui les subit. La Planète est ainsi légèrement allongée en une sorte de ballon de rugby – un ellipsoïde – dont le grand axe est à peu près orienté vers l'Étoile. Vue sa taille, la Planète subit une force de marée dont l'intensité est 200 fois supérieure à celle du

Soleil sur la Terre et 17 fois plus importante que celle subie par Mercure. L'intensité des marées océaniques y est donc bien plus importante que sur Terre. Les satellites naturels exercent quant à eux une influence quasiment négligeable. Les vastes océans de la Planète (les terres émergées en permanence représentent environ un tiers de la surface) sont sujets à d'immenses et lentes marées qui couvrent et découvrent le littoral sur des dizaines de kilomètres.

Et les marées continentales ne sont pas en reste : sous l'effet de la même force de marée, la croûte de la Planète se soulève d'une dizaine de mètres à marée haute (contre seulement 30 centimètres pour la Terre). Autrement dit, la Planète subit une flexion périodique de ses roches qui, à cause des frottements internes, dissipe une énergie considérable sous forme de chaleur. Cela engendre une différence de température importante entre la surface, froide, et les couches internes. Au centre de la Planète, la température dépasse les 6 000 degrés, bien davantage que la température de surface de son Étoile ! Du coup, l'activité volcanique est plus intense que sur Terre, tout en étant moins dangereuse : les volcans rejettent presque en continu une lave très liquide qui ne forme jamais de bouchons ni ne provoque d'explosions.

L'énergie dissipée par la force de marée provient de l'énergie de rotation de la Planète sur elle-même. Quand elle tournait plus rapidement, la déformation due à l'attraction de l'Étoile se déplaçait plus vite, engendrant des frictions plus importantes dans les roches internes. Dissipant de l'énergie sous forme de chaleur, ces frottements ont freiné petit à petit la rotation planétaire. Cet effet ralentisseur de la force de marée a eu pour conséquence de bloquer la Planète dans une situation où elle fait deux tours sur elle-même quand elle fait une révolution autour de l'Étoile. Comme elle parcourt son orbite en un peu moins de 38 jours (37,88 jours exactement), sa période de rotation sur elle-même est légèrement inférieure à 19 jours. Cette période de rotation, dite sidérale car elle est mesurée par rapport aux étoiles lointaines, est différente du jour solaire, durée qui sépare deux culminations de l'Étoile au-dessus de l'horizon. Comme la Planète tourne aussi autour de l'Étoile, le jour solaire est plus long que la période sidérale. Dans la situation où elle fait deux tours sur elle-même en faisant une révolution, le jour solaire est égal à la période de révolution de la Planète, soit à peu près 38 jours. Autrement dit, journée et nuit durent chacune environ 19 jours... Puisque l'orbite est elliptique, la vitesse de la Planète sur son orbite, et donc la course apparente de l'Étoile dans le ciel, ne cessent de varier : l'Étoile semble parfois accélérer ou ralentir dans le ciel de la Planète. Ainsi, un lieu où l'Étoile se lève à l'est au moment du périastre la verra culminer (midi solaire) 10,62 jours plus tard pour se coucher à l'ouest 8,32 jours plus tard. Puis l'Étoile poursuivra sa course sous l'horizon et sa culmination inférieure (minuit solaire) se produira 8,32 jours plus tard. Elle se lèvera de nouveau vers l'est au bout de 10,62 jours supplémentaires, la Planète ayant alors bouclé une orbite et un jour solaire complet. Plus généralement, les durées qui séparent lever, midi, coucher et minuit sont toujours inégales et dépendent du lieu où l'on se trouve sur la Planète.

Bienheureux effet de serre

L'ellipticité de l'orbite planétaire a une autre conséquence importante. Comme la distance à l'Étoile varie périodiquement, le flux lumineux reçu par la Planète varie aussi au cours du temps : au périastre, elle reçoit 1,5 fois plus d'énergie lumineuse qu'à l'apoastre. Une manière de douche écossaise. La Planète n'absorbe pas toute l'énergie qui la frappe car ses nuages, ses calottes polaires et ses océans renvoient vers l'espace environ un quart de la lumière incidente, le reste de cette énergie lumineuse étant absorbé par sa surface. Sans atmosphère, la Planète serait un corps plutôt glacé dont la température moyenne ne serait que de − 34 °C : à une vingtaine de millions de kilomètres de distance, l'Étoile est trop peu lumineuse pour la réchauffer efficacement. C'est cette remarquable atmosphère qui va faire toute la différence. Avec une pression de 1,3 fois la nôtre, elle est assez dense pour jouer le rôle d'une couverture qui garde la surface au chaud grâce à l'effet de serre qu'elle engendre. Si elle est transparente à la majeure partie du rayonnement reçu de l'Étoile, elle piège efficacement, grâce au gaz carbonique et à la vapeur d'eau qu'elle contient, le rayonnement infra-rouge émis par le sol en retour. Il en résulte une élévation sensible de la température. La composition atmosphérique – 78 % de diazote (N_2), 20 % de dioxygène (O_2), 1 % d'argon (Ar), 0,5 % de vapeur d'eau (H_2O) et 0,08 % de gaz carbonique (CO_2) – provoque un effet de serre bien plus important que sur la Terre, dont l'atmosphère ne contient que 0,3 % de vapeur d'eau et 0,039 % de gaz carbonique. Du coup, la température moyenne à la surface de la Planète passe de − 34 °C à 12 °C, ce qui permet l'existence d'eau liquide à sa surface. Cependant, l'ellipticité de son orbite impose des variations non négligeables de la température d'équilibre selon la position orbitale : elle atteint 27 °C au périastre et − 1 °C à l'apoastre. En pratique, ces valeurs d'équilibre ne sont jamais strictement atteintes, car le temps nécessaire pour y parvenir serait trop long au regard de la période orbitale et de la période de rotation planétaire. La composition de ces deux mouvements opère un lissage des variations de températures qui passent quand même de valeurs estivales à hivernales (selon nos critères humains) avec une période d'à peu près deux semaines. Enfin, la couche d'ozone coiffant l'atmosphère de la Planète n'est guère épaisse car, avec une Étoile de faible température, le flux de lumière ultraviolette – la plus énergétique, arrêtée par la couche d'ozone – est très faible : un humain se promenant à la surface ne risque donc pas d'attraper un coup d'Étoile.

Un climat singulier

L'axe de rotation de la Planète n'est que faiblement incliné – seulement 2° – par rapport au plan de son orbite. Cette valeur n'a que faiblement varié au cours des âges grâce à l'effet stabilisateur de son gros satellite qui l'a empêché de subir des fluctuations plus chaotiques. Avec une aussi faible inclinaison, les saisons sont très faiblement marquées. Les variations climatiques périodiques sont essentiellement dues aux variations de distances dues à l'ellipticité élevée de l'orbite. Les périodes froides se produisent à l'apoastre quand la Planète est plus lente sur son orbite, et sont sensiblement plus longues que les périodes chaudes qui se produisent au périastre, où elle est plus rapide. D'une manière générale, les régions équatoriales et de latitude moyenne sont les plus favorables car la température y est suffisamment élevée. La faible inclinaison de l'axe de rotation de la Planète vaut à ses pôles d'être plongés dans un crépuscule quasi éternel, l'Étoile ne passant jamais bien haut au-dessus de l'horizon local. Ils sont donc glacés et perpétuellement recouverts d'une épaisse banquise de glace d'eau. La Planète tournant lentement sur elle-même, les circulations aérodynamiques sont peu influencées par sa rotation propre. En revanche, elles le sont beaucoup plus par le contraste de température qui règne entre la face diurne et la face nocturne, engendrant ainsi des vents réguliers qui peuvent être assez violents.

L'atmosphère de la Planète joue aussi le rôle d'un bouclier protecteur contre les rayons cosmiques, ces particules de haute énergie venant de l'espace. Issus des éruptions de l'Étoile ou des ondes de choc consécutives à l'explosion d'une étoile massive de la Galaxie, les rayons cosmiques frappent la haute atmosphère et y bouleversent les cortèges électroniques des atomes, arrachant des électrons, brisant des liaisons moléculaires ou initiant des réactions nucléaires. Les produits de ces interactions peuvent à leur tour interagir avec l'atmosphère, arrachant d'autres électrons ou produisant une cascade de particules secondaires. L'énergie d'une particule cosmique se trouve ainsi dispersée dans l'atmosphère et répartie dans la « gerbe » cosmique des nombreuses particules secondaires qui atteignent finalement le sol. Comme ces particules portent aussi une charge électrique, elles pourraient être déviées par le champ magnétique de la Planète, engendré par les courants électriques induits par les mouvements de convection dans son noyau liquide externe. Mais, bien que le noyau de fer et de nickel de la Planète soit encore assez chaud pour qu'une partie soit encore liquide, sa vitesse de rotation sur elle-même est trop lente pour pouvoir engendrer un champ magnétique par cet effet dynamo. La Planète est ainsi dotée d'un faible champ magnétique, vestige d'un champ plus ancien qui prévalait quand elle tournait plus vite sur elle-même et qui s'est figé dans les matériaux magnétiques solidifiés des couches superficielles. Avec un champ magnétique aussi faible, c'est donc l'atmosphère qui est la principale protection de la surface contre les particules cosmiques.

Une Étoile orange
dans un ciel bleu nuit

Dans le ciel de la Planète, l'Étoile brille d'un éclat terne : sa puissance lumineuse est 7 fois plus faible que celle du Soleil. Elle est d'une superbe couleur orangée virant au rouge profond dès qu'elle s'approche de l'horizon, au lever ou au coucher. L'ensemble des composantes lumineuses – le spectre – d'un corps chaud dépend de sa température. Plus la température est élevée et plus le spectre est riche en bleu, en violet, voire en ultraviolet, alors qu'un corps froid rayonne essentiellement dans le rouge ou l'infrarouge. Avec une température de 3 500 degrés, l'Étoile rayonne l'essentiel de sa lumière dans l'infrarouge, tout près de la limite de visibilité de l'œil humain. Si l'on se restreint à la gamme de lumière visible aux yeux humains, le flux émis par l'Étoile vaut environ la moitié du flux solaire, et ne représente que le trentième de la totalité de la lumière de l'Étoile. Avec un spectre très pauvre en lumière bleue, la couleur la plus diffusée par les molécules de l'atmosphère, le ciel de la Planète n'est pas très lumineux. Il apparaîtrait d'un bleu très sombre à un œil humain. Mais le spectre de l'Étoile forgera sans aucun doute les yeux d'êtres capables de l'observer, comme l'œil humain est précisément réglé sur le maximum de la puissance lumineuse reçue du Soleil. Autrement dit, toute autre situation nous rendrait le jour moins lumineux.

Le ciel nocturne est marqué par le passage des deux satellites naturels de la Planète. Éclairés par l'Étoile, ils présentent des phases qui dépendent de l'angle entre les directions satellite-Étoile et satellite-Planète. Cet angle varie au cours du temps car la Planète tourne autour de l'Étoile (en 38 jours terrestres) et les satellites tournent autour de la Planète (respectivement en 1,5 et 30 jours terrestres). La composition de ces deux mouvements fait que la durée au bout de laquelle une même phase est observée, la période synodique, est différente de la période de rotation. Pour le satellite le plus rapide, cette période synodique est de 1,56 jour, et sa phase varie assez vite entre son lever et son coucher. Pour le satellite lent, la période synodique est très grande,

142,5 jours terrestres : sa phase semble donc évoluer très lentement.

Une Étoile, deux satellites, un majestueux océan : le décor est planté. Quelles créatures seront à l'affiche ? Et quels genres de jeux vont-elles jouer ? Nul ne saurait encore le deviner.

CHAPITRE 2

Le hasard fait (bien) les choses

« Or, tandis que notre planète continue à tourner sur son orbite selon la loi immuable de la gravitation, une quantité infinie de belles et admirables formes nées d'un commencement si simple n'ont pas cessé de se développer et se développent encore. »

Charles DARWIN, *L'Origine des espèces*.

Une vie venue d'ailleurs

« Pour moi c'est sûr, elle est d'ailleurs. »

Pierre BACHELET.

D'où la vie est-elle venue sur la Planète ? Nécessairement d'ailleurs, et cela n'est guère étonnant puisque, comme toute planète en gestation, la nôtre a aussi été bombardée d'astéroïdes et de comètes pendant des dizaines, voire des centaines de millions d'années. Ces bolides venus du fin fond du système stellaire sont composés de glace nappée de poussières. Leur cœur gelé et leur halo renferment de l'eau ainsi que les précieux acides aminés, ces composés chimiques qui sont à l'origine de la vie et s'alignent comme les perles d'un collier dans les brins d'ADN. Entre 3 et 26 acides aminés ont été dénombrés dans les comètes qui frôlent régulièrement la Terre. Or la vie sur Terre est une variation autour d'une vingtaine d'acides aminés seulement.

Avec le temps, cet interminable bombardement cosmique « ensemence » donc la Planète, comme ce fut le cas sur Terre il y a environ 3,8 milliards d'années. Ce scénario comparant les planètes à de gros ovules fécondés par de petites comètes se nomme *panspermie* (de *pan*, « universel » et *sperme*, « germe »). Il stipule que la vie vient d'ailleurs et que nous sommes donc des extraterrestres adaptés à la vie terrestre ! La question de la formation des acides aminés à l'intérieur des comètes demeure, notamment avec des températures avoisinant les 200 °C et les fortes radiations provenant de l'espace intersidéral. Notons cependant que de nombreux éléments chimiques qui composent ces acides se baladent dans l'espace et même près des étoiles, sous la forme de véritables « nuages moléculaires ». C'est le cas par exemple de sucres (principaux composants de l'ADN) ou encore d'une molécule au nom barbare de *formamide*, véritable brique de la vie qui serait aussi abondante que l'eau dans l'univers ! Notons aussi que ce vide intersidéral, avec ses radiations, ses pressions et ses températures extrêmes, peut être le pain quotidien de certains organismes dits « extrêmophiles » (comme la bactérie ultrarésistante nommée *Serratia liquefaciens*), qui nous rappellent que la vie peut s'adapter et peut-être même apparaître là où on s'y attend le moins ! Autre paramètre important : ces superacides aminés sont composés de deux groupes chimiques (le groupe carboxyle COOH et le groupe amine NH_2) riches en hydrogène… atome le plus fréquent dans l'univers. L'apparition de la vie n'a donc rien de chimiquement très mystérieux ni de très problématique. Rien n'empêche d'ailleurs d'imaginer d'autres formes de vie à base d'autres éléments chimiques – soufre ou silicium…

Tout le temps de cet ensemencement, il pleut des astéroïdes et des comètes. Tous n'atteignent pas la surface car les plus petits sont brûlés au contact de l'atmosphère. Pour les acides aminés, c'est le parcours du combattant : parmi ceux qui survivent aux hautes températures et à l'impact au sol, combien rejoindront d'autres molécules et interagiront avec elles ? La probabilité que quelque chose d'un peu complexe résulte de ce processus semble donc infime. Mais imaginez que vous disposez d'un stock inépuisable de molécules et d'un temps très long (des dizaines, voire quelques centaines, de millions d'années) : la probabilité croît vertigineusement et le vain exercice se transforme en véritable jeu d'enfant ! « Le temps transforme l'impossible en inévitable » expliquait le paléontologue Stephen Jay Gould. La dimension « temps » étire en effet les probabilités non vers une « destinée » particulière (rien n'oriente cette évolution), mais vers une exploration quasi infinie des possibles. Parmi les multiples produits de cette exploration, la sélection naturelle fera le tri, assurant la perpétuation des combinaisons moléculaires les mieux adaptées à leur environnement, et les plus chanceuses.

Des centaines de millions de comètes pendant des dizaines de millions d'années représentent des milliards d'acides aminés. On peut imaginer que certains impactent au même endroit, dans l'océan polaire par exemple – polaire ne voulant pas dire glacial – et que ces acides aminés commencent à se regrouper puis à interagir. En 1953, les chimistes Stanley Miller et Harold Urey ont montré que la vie peut apparaître à partir de rien, ou de pas grand-chose ! Ils ont en effet reproduit les conditions de la Terre primitive en injectant, dans un ballon de verre, du méthane, de l'ammoniac, de l'hydrogène et de l'eau, puis ont soumis le tout à des décharges électriques. Au bout de quelques jours, ils ont observé la formation de composés organiques dont les fameux acides aminés ! Même si cette expérience a parfois été critiquée (notamment à cause de la présence d'hydrogène au départ), elle a été reproduite plusieurs fois et marque un grand pas en avant dans notre compréhension de l'origine de la vie.

Mais revenons à nos acides extraterrestres : ils s'assemblent comme les maillons d'une chaîne et forment des molécules plus complexes, protéines et enzymes. Ces chaînes protéiniques s'assemblent à leur tour en séquences… Bientôt, d'autres composés apparaissent (catalyseurs, polymères), qui forment ce que les spécialistes appellent la « soupe primitive » – ou plutôt « primordiale » pour ne pas imposer de hiérarchie aux êtres vivants ou à leurs constituants. De cette exquise cuisine émanent encore de nouveaux composés (les phospholipides), qui s'organisent en couches. Des couches forment alors des chaînes se rejoignant en trois dimensions et délimitant ainsi deux mondes, celui « du dedans » et celui « du dehors » : la membrane cellulaire est née, et c'est une révolution !

Le nouveau monde « du dedans » s'organise : les premières réactions chimiques se mettent en place, utilisant l'énergie et les nutriments du dehors. La machinerie cellulaire est enclenchée. Parallèlement, d'autres acides se divisent, se répliquent et se codent : ils portent et transmettent alors l'information génétique. Il s'agit de l'ARN (acide ribonucléique) que nous connaissons aussi sur Terre et d'un acide du troisième type que nous nommons ABN pour « acide benzoribonucléique ». Cet hybride imaginaire entre une protéine et un ARN est en fait copié sur l'APN – acide peptidonucléique – qui, lui, existe bien : associant la résistance chimique de la protéine et les propriétés de stockage de l'ADN, il est synthétisé en laboratoire à des fins dites « biomédicales », comme outil de diagnostic dans des thérapies particulières inhibant la synthèse de protéines. Notre acide extraterrestre « de base » rappelle aussi l'AXN – acide xénonucléique –, autre produit de la biologie de synthèse créé chez la bactérie *Escherischia coli* en remplaçant une molécule d'ADN (la thymine) par un poison (le 5-chloro-uracil). Cet ADN génétiquement modifié qu'est l'AXN a été créé dans le but affiché de mieux comprendre les processus de génétique. Mais comme tout produit de la biologie synthétique, il pose aussi des problèmes éthiques sur la brevetabilité du vivant et sur d'autres utilisations potentielles.

L'ABN, si imaginaire soit-il, est capable de transmettre l'information génétique. Nous touchons du doigt la définition même de la vie : est vivant tout système délimité par une membrane semi-perméable de sa propre fabrication et capable de s'auto-entretenir, ainsi que de se reproduire en fabriquant ses propres constituants à partir d'énergie et d'éléments extérieurs. Nous y voilà ! Les ingrédients sont prêts pour notre exercice de style en xénobiologie, genre de science-fiction fait par les humains et pour des humains. « Les androïdes rêvent-ils de moutons électriques ? » se demandait Philip K. Dick. On peut se demander si les extraterrestres font du monstre Alien leur pire cauchemar. Partons sans plus tarder à la rencontre de cette vie nouvelle.

À *la bonne soupe !*

> « L'imagination est plus importante que la connaissance. »
>
> Albert EINSTEIN,
> *The Saturday Evening Post*, 1929.

Le temps s'écoule tranquillement en milliers – en millions – d'années. Rien ne se passe sur cette jeune Planète qui commence à peine à se refroidir. Rien ou presque : dans la soupe primordiale au bord de l'océan polaire, les protocellules décrites plus haut se regroupent. Elles se combinent, se phagocytent, se reniflent, se marient ou s'entre-dévorent. Stephen Jay Gould comparait l'évolution des espèces à la triste vie d'un soldat, passant le plus clair de son temps immobile, embusqué, guettant l'ennemi pour quelques secondes de combat. Les espèces aussi demeurent immobiles, quasi identiques à l'échelle des temps géologiques (les évolutionnistes parlent de *stase évolutive*), avant de subir des transformations rapides et d'être retenues – ou non – par la sélection naturelle. Avec son collègue Niles Eldredge, Gould formalise cette idée dans la théorie des *équilibres ponctués* (1972), théorie qui complète bien les observations sur l'évolution darwinienne de la vie. Dans la soupe primordiale, certaines protocellules ingérées par d'autres se transforment en « organites », c'est-à-dire en simples composés cellulaires (comme les mitochondries ou les chloroplastes sur Terre). Conséquence directe de cette phagocytose, les protocellules gloutonnes se transforment alors en vraies cellules. Ces toutes premières cellules sont autotrophes, c'est-à-dire qu'elles se nourrissent de fines matières minérales, indépendamment de toute matière organique. Sur Terre, les autotrophes, premiers maillons des chaînes alimentaires, sont les plantes vertes et les bactéries photosynthétiques (cyanobactéries) ou extrêmophiles se nourrissant de sulfure d'hydrogène (bactéries sulfureuses). Elles servent de nourriture aux hétérotrophes (animaux et champignons) qui, contrairement aux autotrophes, dépendent des autres pour se nourrir.

Nos premières cellules n'ont pas besoin d'oxygène pour se développer (c'était aussi le cas sur Terre il y a environ 3 milliards d'années). Comme elles sont près du pôle, avec peu de lumière et dans des conditions drastiques, nous pourrions aussi parler d'« extrêmophiles », mais nous éviterons ce terme : ce qui est extrême pour nous, humains, est bien souvent la norme pour une bactérie. De forme sphérique, en spirale ou en disque, ces premiers extraterrestres sont de taille variée et leur membrane intègre régulièrement de fines particules de boue, leur conférant souvent une teinte sombre, parfois tachetée. Les plus grandes cellules, en forme de galette, atteignent 20 centimètres de diamètre. Nous les nommons *bactoïdes*. Sur Terre, les cellules indépendantes les plus grosses (l'œuf d'autruche – 15 centimètres – ou le neurone du calmar géant – 12 mètres – dépendent de l'animal qui les porte) forment (ou plutôt formaient car il s'agit de fossiles) des organismes à part entière, les « nummulites » : ces mégacellules sécrétaient une coquille en forme de pièce de monnaie pouvant atteindre 10 centimètres de diamètre. Sur la Planète, la plupart des bactoïdes demeurent isolés et pélagiques : ils vivent et se propagent dans le grand océan polaire. Parfois, des populations entières disparaissent suite à d'énormes raz de marée causés par de brusques mouvements de la croûte océanique. Ces mouvements sont eux-mêmes générés par de grandes marées « terrestres ». Mais, après la tempête, le calme revient, et toujours une population survivante colonise à nouveau l'océan. Cet océan entouré de continents (un peu comme l'Arctique de nos jours) est d'ailleurs complètement fermé, pauvre en oxygène et saturé en gaz carbonique. Sa forte teneur en gaz carbonique ne dérange pas nos cellules extraterrestres, bien au contraire ! Elles se reproduisent, se multiplient et se diversifient. Et comme les bactéries sur Terre, les bactoïdes resteront coûte que coûte les formes de vie les plus fréquentes sur la Planète (sur Terre, elles forment la biomasse la plus importante et se développent partout, dans l'eau, sur la terre, dans les airs et dans nos intestins). Descendant d'un ancêtre commun unique, les bactoïdes vont donc connaître ce que les évolutionnistes terriens nomment des *radiations évolutives*, c'est-à-dire des explosions de formes nouvelles. Et, parmi elles, deux groupes importants vont émerger, l'un par association, l'autre par compétition...

Les bactoïdes associés

Certains bactoïdes de grandes tailles entrent en contact et interagissent : leurs membranes, ornées de fines particules de boue, se collent alors les unes aux autres et forment des amas. Ces contacts et frottements multiples engendrent des échanges d'électrons : les membranes des bactoïdes se polarisent. Elles attirent d'autres bactoïdes flottant aux alentours, et ainsi de suite : c'est le mariage pour tous ! Mariage des couleurs et des formes : sphères, spirales, disques, cylindres, cônes. Bientôt ce « phénomène social », aidé par les grandes marées océaniques, se propage plus au large de l'océan polaire, et toutes les combinaisons envisageables sont testées ! La plus fréquente reste l'association d'une grande spirale jaune affublée de petites sphères vertes. Quelques milliers d'années plus tard, certains amas s'organisent à leur tour en « superamas » par concentration de populations : les bactoïdes s'associent en colonies, entités vivantes multicolores : les *coloïdes* font leur apparition ! Ces nouvelles colonies de bactoïdes adoptent des formes multiples – sphériques, en étoile ou en branches. Les coloïdes s'organisent : vers l'extérieur de la colonie, ils forment de longues expansions ou pseudopodes, utiles pour se mouvoir, se reproduire et capter de nouvelles matières nutritives, à savoir leurs congénères ! Ils inventent donc le cannibalisme et par là même les premières chaînes alimentaires. Désormais, certains organismes en mangent d'autres. La colonie crée la prédation. Ces premiers carnivores entraînent en bout de chaîne l'apparition d'autres formes, les « détritivores » qui, comme leur nom l'indique, se nourrissent des déchets et de matière organique en décomposition. Pendant ce temps, toujours dans l'eau, d'autres coloïdes développent de longs pseudopodes ramifiés qui forment de véritables filets sous-marins. Expérimentant les limites du possible, ils explorent alors les interfaces que partage l'océan avec les autres milieux.

SUR LA PLAGE ABANDONNÉE

Certains coloïdes développent des excroissances qui sortent de l'eau et s'étendent sur les sols humides, telles des racines géantes. Ces coloïdes amphibies, qui pompent aussi bien le gaz carbonique de l'eau que celui de l'air, étendent et propagent leurs tentacules en quête de bactoïdes piégés dans des retenues d'eau après les grandes marées. La faim justifie les moyens. Les nombreuses failles et fissures qui parcourent l'estran – cicatrices des dernières grandes marées « terrestres » – sont remplies d'eau saumâtre et de détritus : elles sont autant de refuges et de garde-manger pour ces premiers coloïdes amphibies. Ces colonies tentaculaires s'organisent : certaines excroissances concentrent, au niveau de leurs membranes cellulaires, des particules de silice, formant ainsi des pseudopodes qui se rigidifient et résistent mieux à la dessiccation et à la pesanteur. Beaucoup se développent sur les sols volcaniques où ils deviennent autosuffisants, sacrifiant alors quelques individus pour se détacher de l'organisme initial : délaissant le gaz carbonique, ils se nourrissent du soufre et du méthane présents en grande quantité sur les pentes des volcans, un peu à la manière des « archéobactéries » chez nous (des bactéries qui adorent les sources chaudes et acides comme les geysers du parc Yellowstone aux États-Unis).

Ils forment alors des expansions qui se verticalisent sous forme de cheminées organiques : les bactoïdes du bord de la colonie se solidifient tandis que ceux du centre se transforment en tentacules. À la manière des agrégats formés à grande profondeur dans nos océans par le vers *Riftia*, ces tubes extraterrestres, qui eux se développent sur la « terre » ferme, deviennent indépendants. Ils couvrent bientôt d'autres reliefs. Ce redécoupage astucieux de superorganismes en plusieurs petits organismes qui colonisent les autres pentes permet la survie d'au moins un tube, c'est-à-dire d'au moins un « bourgeon » en cas d'éruption volcanique. Les évolutionnistes terriens parleraient de « stratégie de survie en milieu extrême ». Appelons *vulcaïdes* ces nouveaux coloïdes côtiers et verticaux. Les vulcaïdes adoptent rapidement – à l'échelle des temps géologiques bien sûr – des formes et des tailles variées ; longs tubes étroits ou vasques géantes en fonction du type de substrat, de son activité volcanique (ou pas) et de l'entendue des grandes marées. Les variations du niveau de l'océan jouent également un rôle dans la radiation évolutive de ces extraterrestres continentaux. Certains en effet se coupent définitivement du milieu marin dont ils sont issus, en développant des poches de récupération et de stockage des eaux de pluie acides : n'oublions pas que nous sommes proches de volcans ! Ils formeront plus tard l'habitat naturel de curieuses autres formes de vie... Les vulcaïdes sont donc les premiers organismes continentaux (pour ne pas dire terrestres) de la Planète ! Outre le

désir de toujours repousser les limites, cette exploration
continentale est liée à l'apparition des tentacules, véritables innovations dans l'évolution. Arrêtons-nous un
instant sur ces étranges organes : au départ souples et
mobiles, ils sont tactiles et réagissent au contact d'obs-
tacles. À l'intérieur, les cellules s'organisent comme un
tissu conjonctif élastique, sorte de « muscle » fonction-
nant sans oxygène, comme c'est le cas lors des premières
phases d'excitation de nos muscles (les médecins parlent
de fermentation lactique). Certains tentacules deviennent
rapides, ils sont stimulés au contact des proies. Cette
exploration continentale, la première dans l'évolution de
la vie sur la Planète, est nommée « terrestrialisation » sur
Terre. Dans le passé, les organismes terriens ont en effet
exploré plusieurs fois de suite le domaine terrestre :
d'abord les plantes et les « invertébrés » il y a 450 à
500 millions d'années, puis les vertébrés peu de temps
après, il y a environ 350 millions d'années, avec les tétrapodes (ou vertébrés à pattes). Il apparaît encore une fois
que tout est lié puisque la vague des tétrapodes n'aurait
pu avoir lieu sans celle des plantes et des « invertébrés ».
Sur la Planète, tout autour de l'océan polaire et même
au-delà, les vulcaïdes s'installent, lentement mais sûrement. Comme nous allons le voir, ces nouvelles formes
de vie au tempérament volcanique constitueront tout de
même une véritable terre d'accueil pour d'autres extraterrestres continentaux…

ALIENS DES PROFONDEURS

Tandis que certains coloïdes tentent leur chance sur les côtes rouges et sulfureuses de l'océan polaire, d'autres explorent les profondeurs sous-marines. L'espace qui s'offre à eux est considérable, mais les conditions de température et de pression redoutables ! Cette exploration verticale (la précédente étant plutôt horizontale) se déroule également sur quelques millions d'années. Et comme toujours, bricolage évolutif oblige, la vie invente et la sélection naturelle fait le reste. Certains coloïdes penchent donc plutôt vers l'obscurité des profondeurs – le côté obscur de l'évolution en quelque sorte ! Au cours des générations, on en voit descendre la colonne d'eau. Ce sont les premiers organismes « benthiques », vivant au fond, bien accrochés au substrat grâce à leurs structures d'ancrage variées : disques, crochets, ventouses, certains disposent même de racines très ramifiées. À faible profondeur, en fonction des courants et de la densité lumineuse, ils se développent rapidement et forment de véritables forêts ou prairies subaquatiques. À plus grande profondeur, ils se développent en boules pour minimiser leur surface de contact avec la pression. Très vite, des champs entiers de ces drôles de sphères vivantes s'installent sur le plateau continental, à une centaine de mètres de profondeur. Translucides et légèrement bleutés, ils roulent lentement, au gré des courants marins, sur ces immenses surfaces planes recouvertes de boue. Pour se nourrir, ils filtrent les matières nutritives en suspension dans l'eau. En fonction de l'apport en nutriments et de la vitesse des courants, ces coloïdes sphériques qui ne cessent de grandir peuvent atteindre des tailles variées, de la balle de golf à l'observatoire astronomique ! Pour la première fois dans l'histoire de la Planète, les tsunamis, générés par les mouvements telluriques souterrains, n'ont plus d'effets néfastes sur la vie. Les remous sous-marins participent au contraire à la dissémination de l'espèce car l'onde de choc sous-marine entraîne avec elle des vagues entières de boules organiques.

Plus en profondeur, dans les plaines abyssales cette fois, d'autres coloïdes ont également été sélectionnés, et font leur bonhomme de chemin. Ils sont revenus à des formes simples, en galette ou en disque, un peu comme leurs cousins bactoïdes. Dans le domaine de l'évolution en effet, la complexification n'est pas forcément la règle et le retour à la simplicité est parfois tout aussi efficace. Très plats et en forme de disque, ces coloïdes des abysses maximisent leur surface de contact sur le fond. Nous sommes à 15 kilomètres de profondeur, soit 4 kilomètres de plus que l'endroit le plus profond de notre planète. De quoi faire rêver James Cameron, cinéaste à qui l'on doit *Abyss* et *Avatar*, mais aussi océanographe passionné qui vient justement de descendre en solo dans la fosse des Mariannes à 10 898 mètres de fond ! À 15 kilomètres de profondeur, la pression est environ 1 500 fois plus forte qu'en surface. Il fait nuit noire et seule une fine pluie blanche de silice atteint le fond. En effet, à cette profondeur, la calcite est complètement dissoute.

C'est dans cet environnement extrême que des coloïdes barophiles (adaptés à de telles pressions) se développent : les disques lentement s'empilent, intègrent cette poudre blanche au sein de leurs structures et croissent en hauteur. Des couches de silice se mélangent aux tissus organiques et forment un millefeuille intéressant. Ces nouveaux êtres vivants, aliens des profondeurs, sont les *lutumozoaires* (du latin *lutum*, « boue »). Ils évoquent un peu les « stromatolithes » terriens, organismes aquatiques formés par empilement d'algues, de bactéries et de sédiments. Les stromatolithes sont les premiers, les plus anciens organismes connus : certains fossiles ont été découverts en Australie dans des roches âgées de 3,5 milliards d'années. Ils sont encore présents aujourd'hui, en eau douce mais plus rarement en mer. Les lutumozoaires, même s'ils évoquent les stromatolithes par leur structure d'empilement, ne pratiquent cependant pas la photosynthèse : ils n'ont pas besoin de lumière pour vivre et ne transforment pas le gaz carbonique en oxygène. C'est même l'inverse ! Notons également que ces organismes, lorsque les pluies de silice ou les secousses sismiques sont trop fortes, s'enlisent ou se détruisent… Certains, bien conservés dans ce linceul de pierre blanche, se fossilisent. Ces fossiles seront-ils exhumés un jour par une autre forme de vie qui s'interrogera sur leur origine ? C'est probable… Dans l'immédiat, ce qui importe est que les lutumozoaires se diversifient à leur tour : certains disques s'amincissent au centre (par *apoptose* ou mort cellulaire programmée) et se transforment en anneaux : ceux-ci se superposent à leur tour et forment des tubes creux, sortes de cheminées organiques qui remontent lentement la colonne d'eau. Ces constructions vivantes (on parle de *bioconstructions*) préfèrent la lumière et fuient la pression. Solidement ancrée à la base, leur paroi s'amincit avec la hauteur. L'épaisseur des anneaux décroît également, permettant des échanges de matière – et de bactoïdes – entre les multiples couches. *In fine*, ces tubes de plusieurs kilomètres de longueur forment de véritables ascenseurs organiques où des migrations de bactoïdes deviennent possibles ! Ce transport de particules vivantes, l'*endocytose*, existe aussi sur Terre et importe des bactéries et des virus à l'intérieur même de la cellule. Lorsque ces cheminées géantes atteignent la zone lumineuse (environ 200 mètres de profondeur), elles se terminent aussi par des pseudo-tentacules souples qui sondent l'eau à la recherche de bactoïdes pélagiques, ou autres, à se mettre « sous la dent »…

ÇA PLANE POUR EUX

Comme nous venons de le voir, les coloïdes, extraterrestres apparus dans les eaux chaudes et peu profondes de l'océan polaire, se développent à merveille aussi bien sur le continent (avec les vulcaïdes) qu'en profondeur (avec les lutumozoaires). Est-ce parce qu'il y a trop de compétition en milieu marin, ou au contraire est-ce parce que ces nouveaux horizons offrent de nouvelles ressources ? Rechercher une cause serait ici un leurre car l'évolution n'est pas une conquête, elle n'a ni direction ni sens. Il se trouve simplement que sur Terre, comme sur d'autres planètes sans doute, la vie a la bougeotte : se reproduire, perpétuer l'espèce, manger et survivre ; n'est-ce pas le propre de tout organisme ? Nous avons jusqu'ici imaginé des évolutions en profondeur et sur les terres émergées. Mais quelque chose se passe aussi à la surface de l'océan, quelque chose qui va changer la face du monde : des coloïdes en forme de disque transportés par les vents, les marées et les courants, quittent le rivage et dérivent vers le large. Par le plus grand des hasards, certains se retrouvent, se regroupent et se collent les uns aux autres. Ces coloïdes forment des amas de disques flottants, puis des plates-formes de plusieurs mètres, jusqu'à former de véritables îles organiques de plusieurs centaines de mètres ! Ces îles fantastiques s'organisent et se multiplient. À l'intérieur, les coloïdes se spécialisent : petites usines respiratoires au centre, ils se consacrent exclusivement à la nage ou la préhension des proies en périphérie – les proies en question étant d'autres coloïdes ou des bactoïdes pélagiques. Les coloïdes respiratoires du centre rappellent un peu les plantes sur Terre : durant les longues périodes d'ensoleillement (rappelons qu'une journée de la Planète dure 19 de nos jours), ils absorbent le gaz carbonique dissous dans l'eau et recrachent de l'oxygène, et *vice versa* durant les longues nuits polaires. En quelques milliers d'années, l'océan septentrional est presque totalement recouvert de coloïdes ! Cette nouvelle banquise mouvante, qui arbore de magnifiques reflets irisés, a pour effet d'augmenter l'albédo : en d'autres termes, la Planète réfléchit davantage la lumière de l'Étoile. Elle en absorbe donc moins, ce qui a pour conséquence un refroidissement global du climat. Pour la première fois dans l'histoire de la Planète, la vie modifie le climat ! Et, en retour, le climat modifie à son tour l'évolution de la vie : pour lutter contre le froid, les coloïdes respiratoires, au centre des grandes plates-formes océaniques, ne rejettent plus leurs gaz métaboliques – oxygène et méthane – à l'extérieur de la colonie, mais les conservent bien au chaud, à l'intérieur, en les confiant à d'autres coloïdes ! Ces derniers adoptent alors d'étranges formes, tantôt de poches, tantôt de ballons. Les coloïdesballons se modifient à leur tour, développant des membranes élastiques pour encaisser la pression.

Devenus suffisamment légers – en tout cas plus légers que l'« air » de la Planète –, ces coloïdes se voient pousser des ailes et se détachent de leur matrice organique : ils décollent !... De nouveaux organismes sont nés, ce sont les *aérozoaires,* premières formes de vie volantes, ou plutôt flottantes, dans les airs ! Les aérozoaires se multiplient à leur tour. La plupart sont composés de ballons de tailles différentes, une grande bulle entourée de petits ballonnets faisant office de ballast en régulant la pression interne de la colonie et donc l'altitude de croisière. Une fois stabilisées à quelques mètres au-dessus de l'océan, ces montgolfières vivantes se dispersent lentement, au gré du vent...

Certains aérozoaires vont alors muter. Cette mutation fortuite frappe les bactoïdes respiratoires, dont la distribution au sein de la colonie est perturbée : ceux spécialisés dans l'expulsion des gaz (l'expiration) se retrouvent isolés dans certaines zones du ballon. Cette « anomalie », qui au départ déséquilibre l'ensemble de la colonie en vol, va être retenue par la sélection naturelle ; en effet, elle génère le premier organisme volant par propulsion ! En d'autres termes, une montgolfière vient de donner naissance à un dirigeable ; les aérozoaires sont désormais capables de s'orienter dans les airs. Cette innovation permet aux aérozoaires d'explorer de nouveaux mondes. Certains reviennent alors vers les terres ; ils trouvent à proximité des volcans des microclimats adéquats dont les vapeurs soufrées permettent d'expérimenter de nouveaux gaz de propulsion. D'autres, plus téméraires, explorent les hautes altitudes : ils rencontrent le froid et les faibles pressions... qui font exploser les ballons. D'autres enfin tentent de se regrouper. Ils utilisent leurs organes propulseurs pour se coller les uns aux autres, optimisant ainsi leur reproduction et leur mode de prédation. Bientôt, les plus rapides chassent les autres, et certains deviennent les superprédateurs du ciel ! Gare aux aérozoaires en forme de missiles ou de cerfs-volants. En quelques milliers d'années, un fantastique écosystème aérien se met en place, chaque maillon de la chaîne trophique s'appropriant une altitude particulière. Certains aérozoaires expérimentent même la reconnaissance nocturne : leurs bactoïdes de surface agissent alors comme des iridophores, cellules pigmentaires réfléchissant la lumière et renvoyant des éclats iridescents : ils emmagasinent l'énergie de l'Étoile le jour et la restituent la nuit en brillant de mille feux. Pour la première fois sur la Planète, le ciel nocturne, en plus des étoiles, du halo lumineux et des deux satellites, s'illumine de vie. C'est, pendant les longues nuits qui durent 19 jours, un véritable feu d'artifice organique autour de la Planète.

Les tentacules de la discorde

Quelques millions d'années après les premiers lutumozoaires, un autre groupe de bactoïdes apparaît dans l'océan, à faible profondeur : il s'agit des *électroïdes*. Car les bactoïdes se phagocytent entre eux comme des poupées russes : des gros ingèrent des moyens qui à leur tour ingèrent des petits. Mais voilà qu'un jour, un curieux individu, au lieu de faire comme tout le monde et de digérer son congénère, l'ingère mais le maintient vivant, trouvant avantage à s'en servir comme d'une usine interne en pompant son énergie. Le bactoïde ingéré se laisse faire, trouvant dans cette nouvelle enveloppe un gîte accueillant et protecteur. Ce mariage consenti se nomme *endosymbiose* et caractérise plusieurs grands groupes sur Terre : algues et plantes vertes sont par exemple formées de « chloroplastes » qui, grâce à la chlorophylle, leur fournissent l'énergie par photosynthèse. Ces chloroplastes sont des bactéries qui ont été phagocytées il y a environ 1,5 milliard d'années. *Idem* pour les mitochondries, autres unines énergétiques que nous hébergeons dans nos cellules. Enfin, coraux, méduses et nombre d'autres animaux marins s'associent en symbiose avec des algues. Finalement, cette « symbiose interne » est assez classique. Rien d'étonnant à ce qu'on la retrouve sur notre exquise Planète, dans l'océan polaire où des bactoïdes deviennent en fait les organites (structures internes spécialisées) d'autres bactoïdes qui deviennent à leur tour organites d'autres et ainsi de suite. Cette organisation en couches successives favorise l'apparition de membranes cellulaires multiples (doubles, triples ou plus si affinité) séparant des milieux différents, c'est-à-dire des liquides présentant des concentrations différentes en protéines. Pour équilibrer ces concentrations, les membranes ont trouvé un moyen simple et efficace : elles pompent des ions positifs dans un sens et des ions négatifs, ou de simples électrons, dans l'autre sens. Le déplacement de ces charges polarise les membranes, les « électrifie » d'une certaine façon. Certains bactoïdes deviennent donc « électriques », ce qui justifie leur nom d'électroïdes !

Sur Terre, ou plutôt dans les mers (milieu conducteur), beaucoup d'animaux utilisent l'électricité soit pour se défendre, soit pour détecter leurs proies : l'« anguille » électrique *Electrophorus electricus* porte bien son nom ; elle est capable d'émettre un courant mortel de 600 volts et de deux ampères. Idem pour la torpille ou raie électrique qui peut balancer du 230 volts et 30 ampères ! Ces décharges sont émises par un organe dit « électrique » car constitué de cellules chargées et dérivées de fibres musculaires, les électroplaques. À l'inverse, le requin utilise toute une batterie non plus d'émetteurs mais de récepteurs qui captent le moindre champ électrique naturel émis par sa proie. Ces récepteurs, nommés « ampoules de Lorenzin », sont positionnés le long de son crâne et de son museau. Mais, si nous devions comparer les électroïdes de la Planète à des organismes terriens, ils se rapprocheraient plutôt de bactéries du genre *Geobacter* que l'on trouve dans les sols et les sédiments aquatiques : l'espèce *G. metallireducens*, un tantinet alcoolique, génère un excès d'électrons en digérant son éthanol. Les électrons en trop sont alors légués à sa cousine *G. sulfurreducens via* un réseau de nanofibres électriques ! Autant dire que ces bactéries intéressent de près scientifiques et industriels travaillant sur les batteries écologiques ou les nanofibres du futur...

Dans l'océan polaire de notre Planète, les électroïdes adoptent rapidement des formes de sphères puis de tubes. Ils développent des tentacules capables d'électrocuter leurs proies. Ces nouveaux tentacules s'insèrent uniquement d'un côté, sur la longueur du cylindre, et le long d'une ligne latérale qui évoque celle de nos poissons osseux et cartilagineux. Ils émettent aussi un petit courant électrique pour se déplacer, se « renifler » ou encore repérer leurs proies en percevant la déformation de leur propre champ électrique. Pour la première fois dans l'histoire de la vie sur la Planète, une sorte de « sonar électrique » est inventée ! Simultanément, le corps de l'électroïde s'invagine afin d'optimiser la surface de contact et l'absorption des proies. Cette invagination forme un trou plus ou moins profond, sorte de cavité buccale et de poche digestive dans laquelle les proies attrapées – principalement d'autres bactoïdes – sont lentement digérées.

Ces nouveaux extraterrestres marins et tentaculaires rappellent un peu les *siphonophores*, sortes de méduses qui peuplent nos océans. Tentacules électriques et cavité digestive : voilà deux innovations clefs qui font des électroïdes les plus féroces et bientôt les plus grands prédateurs océaniques ! Agressifs et voraces, ils s'attaquent aux placides coloïdes qui formaient cette immense banquise en surface. En quelques milliers d'années, cette énorme proie facile, d'où s'échappaient dans les airs les majestueux aérozoaires, est éradiquée ! La surface de l'eau s'éclaircit. Les aérozoaires, privés de leur matrice originelle, stationnent au-dessus de ces nouvelles eaux bleutées. Ils développent eux aussi des pseudopodes qui plongent dans l'eau, à la recherche de nourriture... tentacules de la mer contre tentacules du ciel, la guerre aura-t-elle lieu ? De leur côté, certains électroïdes concentrent leurs bactoïdes électriques non plus dans leurs tentacules mais au centre du cylindre, sous la forme d'un cordon central, d'une « moelle épinière » qui relie les cellules entre elles et transmet des informations.

Des informations d'abord très basiques : par exemple, lorsque la concentration en nutriments est nulle dans la cavité buccale, les tentacules s'agitent. Mais au fil des

générations, les informations deviennent plus complexes
– et la communication s'enrichit. À mesure qu'ils apparaissent, les électroïdes « intelligents » se regroupent,
s'organisent, et ce d'autant plus que leur nourriture à base
de coloïdes se fait rare. Bientôt, ils communiquent entre
eux par petites décharges électriques… et, à défaut de
coloïdes, ils attaquent les aérozoaires ! La guerre est décla-
rée… Mais les aérozoaires se défendent, lacérant l'eau de
leurs tentacules musculeux. Ils sont eux aussi en manque
de nourriture car il n'y a plus de coloïdes. C'est la guerre
des tentacules. Les électroïdes envoient des décharges
électriques aux aérozoaires. La surface de l'eau devient le
théâtre de violentes batailles. Le ciel est zébré de tentacules qui fouettent, déchirent et brûlent.

Bientôt, les électroïdes deviennent inférieurs en
nombre, leurs rangs s'éclaircissent… Les aérozoaires,
venus en renfort des quatre coins de la Planète, forment
une véritable armada. Leur victoire est proche, mais c'est
à ce moment précis, alors que tout espoir a disparu côté
électroïdes, qu'un événement imprévu se produit : au lieu
de se déchirer, certains tentacules trouvent intérêt à
s'enlacer. Car ce qui pourrait passer pour une trahison est
finalement un comportement louable où le bien commun
surpasse le bénéfice de l'individu, où l'entraide fait place à
la lutte, et l'amour à la guerre. Cet adultère, vite fait en
douce dans un golfe perdu de l'océan polaire, va changer
la face du monde : l'histoire devint une légende, et la
légende devint un mythe. Pendant 2 500 ans, plus personne n'entend parler de cette relation, mais la symbiose
entre aérozoaires et électroïdes est bel et bien consom-
mée. Et de ces liaisons dangereuses naît une nouvelle

espèce, celle des *tentaculides*. Nouvelle symbiose, nouveau mariage entre organismes volants et électriques. Les aérozoaires transportent et disséminent, les électroïdes chassent et protègent. Peut-on rêver couple plus parfait ? L'association s'avère en tout cas harmonieuse et efficace : les tentaculides se développent, se diversifient et se reproduisent comme des fous : « de la multiplication des tentaculides » ! Nouvelles formes, nouvelles tailles, nouvelles espèces : le groupe explose, il se disperse bientôt sur l'ensemble de la Planète et colonise des milieux variés : ici de gros ballons aux bras réduits surplombent des volcans, là de longs tubes aux puissants tentacules creusent le sable des déserts ou s'installent dans les gouffres béants laissés par les marées terrestres. Ailleurs, des étoiles aux tentacules ramifiés se posent, délicats radeaux des cimes, sur des « forêts » de vulcaïdes. Le monde devient tentaculide. Jamais la vie n'a été aussi foisonnante et diversifiée sur la Planète...

Sale temps
pour les extraterrestres

« Il n'est rien de constant si ce n'est le changement. »

BOUDDHA.

Bactoïdes, coloïdes, vulcaïdes, lutumozoaires, aérozoaires, électroïdes, et bien sûr tentaculides ; notre Planète a fait le plein d'exquises bestioles. Chacune à sa place et chaque place à chacune. Comme beaucoup de bactéries et de plantes sur Terre, cette vie foisonnante est anaérobique : pas besoin d'oxygène pour s'épanouir, croître et se multiplier. Mais voilà, toute chose a une fin. En quelques milliers d'années, un clin d'œil à l'échelle des temps géologiques, un phénomène interne, propre à la Planète et apparemment anodin, bouleverse à son tour toute cette exovie, chamboulant les écosystèmes et mettant fin à ce paradis extraterrestre. Pas d'impact de météore ni d'énorme volcan cette fois, comme ce fut le cas pour les dinosaures (non-aviens) il y a 65 millions d'années sur Terre. « Juste » un petit sursaut de tectonique, cette lente danse des plaques qui fait bouger les continents, créant tantôt des montagnes (lorsque deux plaques se rencontrent), tantôt des océans (lorsqu'elles s'écartent). Sur Terre, cette valse met les plaques – et le monde – en mouvement à une vitesse de 1 à 10 centimètres par an, soit 10 à 100 kilomètres par million d'années – durée qui, rappelons-le, est l'unité de temps du paléontologue. Or l'exquise Planète possède aussi une tectonique, qui fait que les plaques continentales délimitant l'océan polaire s'écartent : l'océan s'ouvre ! Il se trouve en outre – événement fort commun sur la Terre (tous les 100 000 à 250 000 ans) – que le champ magnétique s'inverse. Voilà que les espèces polaires passent d'un milieu fermé, riche en gaz carbonique, à un système ouvert et oxygéné : la poisse pour des organismes anaérobiques ! Simultanément, les vents stellaires (on dit « vents solaires » chez nous) ne sont plus déviés par le champ magnétique ; ils s'engouffrent massivement au niveau du pôle. Les magnifiques aurores boréales qui berçaient les longues nuits polaires (le vent solaire peut en effet s'engouffrer dans les cornets polaires qui surplombent les pôles terrestres et sur les parois desquels s'irisent les aurores) laissent alors passer de terribles rayonnements cosmiques invisibles, mutagènes et létaux. Résultat : la totalité des bactoïdes polaires disparaît en un temps record, et avec eux tous ceux qui en dépendaient : cette conjonction génère une cascade d'extinctions, car ces bactoïdes étaient à la base de nombreuses chaînes alimentaires. La vie polaire est frappée de plein fouet. Les coloïdes de cet ancien océan disparaissent totalement. Adieu aussi les vulcaïdes installés sur les côtes, et les aérozoaires qui stationnaient juste au-dessus de la surface. Quant à ceux qui vivaient dans l'eau, ils sont incapables de supporter ce nouveau poison, l'oxygène, apporté par l'ouverture océanique ! Terminés les électroïdes et les lutumozoaires polaires : même reclus au fin fond de l'océan, ils sont littéralement asphyxiés. C'est tout un monde qui disparaît, sans oublier les dommages collatéraux chez de nombreux bactoïdes côtiers. L'océan polaire et ses alentours sont donc dévastés, ruinés. Bientôt, cet océan qui s'ouvre devient un océan de mort dont les courants charrient des tonnes de matière organique en décomposition... L'eau est jonchée de cadavres, résidus de sphères, de spirales médusoïdes ou de tubes vermiformes difficilement identifiables. Même tableau gothique au fond, où des carcasses entières se déposent et s'entassent dans la vase. « L'évolution n'est pas un long fleuve tranquille », écrit le paléontologue Éric Buffetaut à propos des dinosaures. Cela est vrai aussi de l'évolution des extraterrestres !

Opportunistes de l'espace

> « Ma petite entreprise connaît pas la
> crise. »
>
> Alain BASHUNG.

Voilà comment de petits événements à l'échelle de la
Planète (fragmentation de l'océan polaire et affaiblisse-
ment de la magnétosphère) sont responsables de l'extinction de 90 % des genres d'extraterrestres ! La vie a en effet
bien failli disparaître. Comme elle a failli disparaître sur
Terre : ces 90 % sont directement inspirés de la crise
Permien-Trias qui a touché la Terre il y a 250 millions
d'années, et dont on trouve des traces dans les couches
géologiques de notre planète. Quoi qu'il en soit, les premiers milliers d'années qui suivent cette grande extinction
sont d'abord très calmes : rien ne se passe réellement. La
vie polaire, avec son cortège d'espèces marines, côtières,
terrestres ou volantes, est complètement ravagée. Seuls
les organismes qui s'étaient installés ailleurs s'en sortent à
peu près : il s'agit de certains vulcaïdes, aérozoaires et tentaculides. Heureux survivants qui ont eu la chance de se
développer indépendamment de leurs cousins polaires !
L'évolution est une question de sélection naturelle, mais
c'est aussi une question de chance. Et parmi les heureux
survivants, certains tentaculides vont reprendre le dessus :
ces petits profiteurs vont récupérer les niches écologiques
laissées vacantes par leurs défunts cousins et proliférer en
toute quiétude. Les évolutionnistes les nomment espèces
opportunistes. Ces tentaculides retourneurs de veste vont
donc connaître une belle radiation évolutive grâce à la

crise. Comment ces extraterrestres volants aux tentacules électriques vont-ils si bien s'en sortir ?

PUTRIDE OCÉAN

Après la grande catastrophe, certains tentaculides et aérozoaires se partagent donc le gâteau : un océan polaire dévasté, en cours d'ouverture et dont la surface est jonchée de cadavres flottants. Afin d'en profiter pleinement, ces espèces migrent vers le pôle et se spécialisent : de farouches prédateurs qu'ils étaient autrefois, ils deviennent de placides charognards flottant au-dessus des eaux, tentacules puisant directement la matière organique en décomposition. Accoutumés à la facilité par cette putride profusion, ces tentaculides perdent les facultés cognitives qu'ils avaient développées pour la prédation. *Idem* pour leurs capacités électriques, qu'ils n'utilisent plus que pour la reproduction. Leurs fonctions vitales se réduisent donc au strict minimum ; manger – ou plutôt boire – et se reproduire. Ces charognards se sont bel et bien transformés en bovins aériens ruminant du cadavre. Au-dessus de cet océan, d'autres extraterrestres se régalent également : les aérozoaires. Leurs tentacules se sont transformés en longues pailles pompant directement le liquide bleu pétrole, résidu de la putréfaction. Tels de gros bourdons médusoïdes, ils butinent les nappes visqueuses les unes après les autres. La vie reprend donc petit à petit ses droits au-dessus de l'océan poubelle, elle s'organise, bricole, s'adapte. Différents groupes de « nettoyeurs » apparaissent, qu'ils soient aérozoaires ou tentaculides : charognards primaires, charognards secondaires ou tertiaires (se nourrissant eux-mêmes d'autres charognards), la pyramide trophique en est toute renversée !

RETOUR AUX SOURCES

Des aérozoaires se posent même sur l'eau. Ils abandonnent leurs formes de ballons dirigeables pour redevenir des crêpes ou plutôt des îles flottantes. Leurs tentacules puisent maintenant en profondeur. Ils plongent, adoptant alors des formes hydrodynamiques, tentacules réduits ou au contraire élargis en forme de rames. C'est le retour des aérozoaires au milieu aquatique ! Sur Terre, ce retour aux sources est un grand classique de l'évolution : de nombreux groupes d'invertébrés (comme ces araignées qui vivent sous l'eau, mais dans une bulle d'air) s'y sont frottés. Il en va de même pour les tétrapodes (vertébrés à pattes) réadaptés au milieu aquatique. Les plus classiques sont aujourd'hui les cétacés, dont les lointains cousins ressemblaient à une sorte de loup muni de palmes. En fait, dès l'époque des dinosaures (et même bien avant !), des amphibiens et des reptiles étaient déjà retournés au milieu aquatique. Dans l'océan de la Planète, ce sont paradoxalement les aérozoaires qui retournent à l'eau : l'évolution, décidément, ne suit aucune logique... Grâce à ces nouveaux aérozoaires, l'océan polaire commence donc à se repeupler et à se restructurer. Certains s'adaptent même aux grands fonds ; il s'agit des *benthozoaires*, qui, pour lutter contre les fortes pressions, développent une sorte de scaphandre. Leur membrane externe secrète une protéine analogue à la chitine des crustacés ou des insectes terrestres. Leur corps en forme d'étoile a des tailles variées, du centimètre à plus de 10 mètres – les grandes formes jouant souvent le rôle de refuge pour d'autres aérozoaires plus petits. De chaque branche de l'étoile part une multitude de tentacules translucides et phosphorescents qui assurent la reproduction et la capture du plancton. Pendant la période des amours, le fond de l'océan polaire s'éclaire de mille feux.

Naissance des exogrades

> « Nous sommes les glorieux accidents d'un processus imprédictible ne témoignant d'aucune tendance à une plus grande complexité, et non le résultat prévisible de principes évolutifs destinés à produire une créature capable de comprendre les mécanismes de sa propre création. »
>
> Stephen Jay GOULD,
> *L'Éventail du vivant.*

Pendant ce temps sur les continents, la vie affronte péniblement la crise. Sur les côtes de l'océan dévasté, elle reprend ses droits : lentement mais sûrement, les vulcaïdes réoccupent le terrain. « La nature a horreur du vide », disait à juste titre Blaise Pascal. Pour la première fois, ces vulcaïdes expérimentent un mode de vie tout à fait nouveau et original ; la *cryptobiose*, ou arrêt temporaire des fonctions vitales. Sur Terre, cette cryptobiose, véritable stratégie de survie, est surtout connue chez les extrêmophiles, encore eux ! C'est le cas par exemple des artémies (ou artémias) que les passionnés d'aquariophilie (ou les anciens abonnés à *Pif Gadget*) connaissent bien : ces petits crustacés d'eau saumâtre sont en effet capables, lorsque les conditions de vie ne sont plus favorables, d'émettre des kystes, sortes d'œufs ultrarésistants qui donneront naissance, une fois les conditions redevenues propices (parfois après plusieurs années) à de petites larves. Ces kystes sont de vrais héros de l'évolution : ils sont capables de résister à la sécheresse, à la chaleur et même au froid. D'autres animaux terrestres se mettent également en cryptobiose, comme les rotifères, petites bestioles simples, aquatiques et en forme de trompette, ou les tardigrades, proches des arthropodes (insectes, crustacés, etc.) et plus connus sous le nom d'« oursons d'eau ». Ces derniers sont les stars de la cryptobiose : ils sont capables de résister à tout ; pressions énormes ou presque nulles (comme dans le vide sidéral), températures de folie (chaudes ou froides), sécheresse, produits toxiques, radiations, ils sont quasi invincibles ! Mais revenons à nos vulcaïdes. Ceux-ci expérimentent la cryptobiose qui s'avère en fait très utile lors des éruptions volcaniques. Leurs kystes sont en effet constitués d'une paroi tellement résistante qu'ils peuvent être transportés sans dommage par des coulées de lave ! Grâce à cet ingénieux dispositif, les vulcaïdes survivent, résistent et se propagent. Ils « refleurissent » le long des côtes rocheuses et sur les îles flamboyantes de l'océan perdu. Bientôt, ils forment de hautes structures tubulaires et arborescentes aux couleurs vives, tantôt jaunâtres, oranges ou rougeâtres. Ces orgues vivants couleur de feu forment un couvert végétatif structuré, sorte de forêt fantasmagorique dont la cime s'élève à plus de 300 mètres ! Un univers nouveau et vertical, terre d'accueil pour de nombreuses autres formes de vie, comme les tentaculides par exemple. Ces étranges krakens volants investissent les lieux, déployant majestueusement leurs tentacules sur cette canopée surréaliste.

Et c'est au cours de cette improbable rencontre entre tentaculides et vulcaïdes, qu'encore une fois un événement apparemment anodin, un « accident », va changer la face de la Planète : un énorme tentaculide, véritable Cthulhu[1] volant, se pose délicatement sur la cime des vulcaïdes, à la recherche de nourriture. Sans même qu'il s'en rende compte, quelques-uns de ses tentacules s'agrippent si bien aux branchages que lors du décollage, ils sont arrachés. Les tentacules tombent au sol. Coupés du reste de la colonie qui s'envole déjà vers d'autres horizons, les appendices orphelins sont encore tout tremblants, telles des queues de lézards fraîchement coupées. Une longue nuit passe et c'est le jour qui va permettre à ces bras coupés de renaître. Un jour nouveau car il se trouve que la Planète est à sa distance minimale de l'Étoile. L'énergie lumineuse, plus forte donc que d'ordinaire, stimule alors les terminaisons nerveuses de chaque tentacule isolé. On se souvient que ces moignons sont en fait des fragments de colonies où électroïdes et aérozoaires vivent en symbiose. Les bras du monstre, devenus indépendants, se réveillent. Lentement, dans l'intense chaleur matinale, une nouvelle vie s'offre à eux ; ils se raniment, serpentent et trouvent le moyen de se reproduire... Quelques millions d'années

---

1. Monstre tentaculaire gigantesque inventé par l'écrivain H. P. Lovecraft.

plus tard, ces ex-tentacules ont bien changé : ils ont rétréci en taille et ont parallèlement développé de petites ramifications, semblables à de petites pattes. Certains en comptent huit (quatre de chaque côté) ; ils évoquent alors les tardigrades terrestres, les fameux « oursons de mers ». Grâce aux électroïdes qu'ils contiennent, ces nouveaux nounours communiquent par décharges électriques. Ils forment un groupe à part entière, un groupe nouveau que les futurs biologistes baptiseront les *exogrades*. Leur système électrique est bien organisé : les électroïdes, propageant l'information et formant une sorte de système nerveux, sont répartis jusqu'au bout des pattes. Certains se concentrent également vers l'avant du corps et forment une boule électro-sensorielle, un peu comme le « melon » sur le front des cétacés (organe faisant office de sonar). Grâce à ce melon, les exogrades envoient et reçoivent en permanence des petites décharges électriques qui leur permettent d'explorer et de connaître leur environnement. Exactement comme les chauves-souris envoient des ondes ultrasonores en plein vol pour se diriger ou repérer leurs proies (*écholocation*). Au cours de leur évolution, ce système s'affine : les exogrades utilisent aussi cette nouvelle écholocation pour communiquer, explorer, se nourrir et se reproduire. Tel Daredevil, superhéros de *comics* devenu malencontreusement aveugle mais ayant développé une sorte de sixième sens, le monde qui se dessine devant les exogrades est celui que renvoient leurs émissions électriques. En parallèle, ils se multiplient et se diversifient. Certains sont restés dans les « forêts » de vulcaïdes, exploitant au maximum les ressources des sols volcaniques. Ils se nourrissent principalement de sédiments et autres limons qu'ils filtrent dans un conduit digestif rudimentaire. D'autres exogrades ont déjà fait le tour de la Planète : ces nounours à huit pattes ont même développé une intelligence collective poussée. Ils occupent les gouffres et les crevasses vides, creusent des galeries en sous-sol et construisent des terriers complexes. En plus de leur melon faisant office de sonar, ils développent des ocelles, sortes de petites ouvertures au niveau de la tête qui leur permettent de détecter les variations de lumière. Ces ocelles sont présents chez de nombreux insectes sur Terre. Ils ont été sélectionnés ici pour permettre à ces fouisseurs de bâtir leurs mondes souterrains. C'est la première fois dans l'histoire de la Planète qu'une forme de vie intelligente apparaît. Bâtisseurs de cathédrales souterraines, ces exogrades vont à leur tour changer la face du monde… mais ceci est une autre histoire.

CHAPITRE 3

L'intelligence, pour quoi faire ?

Comment l'intelligence vint aux nounours

Au fil de millions, de dizaines de millions d'années terrestres, les exogrades évoluaient par les hasards de la génétique et le jeu de la sélection naturelle, divergeant progressivement les uns des autres selon leur plus ou moins grande adaptation aux milieux divers de la Planète et aux ressources alimentaires qu'elle offrait. Ceux qui bénéficiaient d'un environnement favorable et commode, fournissant par exemple en abondance de simples sédiments à consommer pour leur permettre d'atteindre leur taille adulte et d'assurer leur survie, n'avaient que peu d'efforts à fournir. Au départ, leur reproduction s'effectuait à date régulière par simple scissiparité, une excroissance poussant peu à peu sur leur dos, pour finir par s'individualiser et se détacher. L'étendue des couches sédimentaires permettait à de vastes troupeaux de ces exogrades de mener une vie mesurée et paisible, dans laquelle ils se contentaient d'échanges fréquents mais peu développés avec leurs congénères, au moyen des ondes qu'ils émettaient périodiquement. On n'y distinguait aucune hiérarchie particulière entre individus. Il n'y avait d'ailleurs aucune raison qu'il apparaisse la moindre tension entre eux, puisque chacun était autosuffisant, aussi bien du point de vue de ses ressources alimentaires que de sa reproduction, tandis que les mouvements internes de la Planète s'étaient durablement stabilisés. Simplement, ces exogrades grégaires éprouvaient une satisfaction immédiate à se trouver regroupés par milliers, voire par millions, satisfaction que confirmaient leurs communications ondulatoires répétées. En revanche, leurs accumulations compactes et étendues à perte de vue ne permettaient guère à d'autres espèces de venir exploiter les mêmes ressources et ils y régnaient presque sans partage, au rythme lent des longs jours et des longues nuits de la Planète.

Ceux qui étaient restés fixés dans la forêt de vulcaïdes avaient en revanche, dans un milieu moins uniforme, diversifié leurs sources de nourriture. Ne disposant pas de ces couches sédimentaires inépuisables et facilement accessibles, ils avaient d'une part créé des terriers de plus en plus profonds pour extraire des ressources multiples, usant en retour de ces cavités comme logements ; mais ils avaient aussi entrepris de consommer les vulcaïdes eux-mêmes, dont le système nerveux rudimentaire n'était guère capable d'offrir des stratégies de défense efficaces. De fait, ces nourritures variées mais dispersées, à la structure moléculaire plus complexe, avaient peu à peu engendré chez ces exogrades fouisseurs de nouvelles modifications. La consommation de vulcaïdes et d'autres espèces comparables, à laquelle leur organisme avait dû s'adapter peu à peu, leur apportait des éléments nutritifs déjà plus élaborés et plus riches. Leur habitat, à la fois superficiel et souterrain, comme leur complexité alimentaire, exigeaient une organisation sociale bien plus complexe, d'autant que les territoires favorables qu'ils occupaient étant chaque fois restreints, ils se devaient d'en contrôler l'accès, y compris face à des congénères à première vue presque identiques à eux-mêmes.

Aussi s'étaient-ils peu à peu spécialisés au plan morphologique. Certains, essentiellement fouisseurs et souterrains, avaient développé des organes aptes à creuser, organes qui pouvaient à l'occasion être utilisés pour la défense ou l'attaque. D'autres s'étaient spécialisés dans la seule reproduction, accélérant les processus de scissiparité et installant au plus profond des terriers, soigneusement défendus, de vastes salles de conception et d'élevage. D'autres enfin, à la surface du sol, extrayaient et distribuaient les chairs des vulcaïdes, explorant les territoires voisins, détectant d'éventuels dangers, et combattant s'il le fallait. Leurs pattes antérieures s'étaient elles aussi munies d'extrémités défensives et offensives, coupantes et piquantes, ainsi que de glandes permettant la projection de liquides incapacitants, voire mortels. Curieusement, cette organisation militaire ne semblait pas vraiment hiérarchisée. On n'y distinguait pas l'équivalent d'un commandement suprême, lequel aurait alors joui d'avantages particuliers, alimentaires par exemple. Leur système d'écholocation, sorte de sonar collectif, permettait une coordination constante et efficace de toutes leurs actions et leur offrait d'autres formes de certitudes que celles des exogrades grégaires.

À *quoi sert le sexe ?*

Si l'on passe sur de nombreuses autres variétés d'exogrades, dont certaines n'ont eu qu'une durée de vie limitée, avec une extension territoriale – terrestre ou aquatique – fort restreinte, l'une d'elles doit nécessairement retenir notre attention, dans la mesure où elle prit peu à peu le contrôle de toute la Planète, et bientôt au-delà, sans que l'on en comprenne tout à fait la raison. On appellera cette espèce particulière « sexograde », car au fil de l'évolution s'y était développée, par l'intermédiaire d'une méiose progressive et tâtonnante, une différenciation entre deux sexes distincts, qui avaient donc entrepris de se reproduire de cette façon inutilement complexe, abandonnant peu à peu la scissiparité. Il semble même que des systèmes de reproduction à trois sexes, voire plus, seraient apparus quelque temps, mais la complexité des processus mis en jeu, ne serait-ce que pour la rencontre synchronisée dans un même but de trois individus ou plus, avait malgré son intérêt débouché sur une impasse biologique. Si la manière précise dont s'effectua cette différenciation sexuelle duale est restée jusqu'à présent obscure, les avantages à long terme parurent évidents : l'évolution s'accéléra, les mutations aléatoires défavorables furent à chaque fois rapidement éliminées, tandis que l'organe électro-sensoriel devenait de plus en plus complexe.

À l'origine, les sexogrades paraissaient pourtant les plus défavorisés, dans la mesure où les puissants troupeaux d'exogrades grégaires recouvraient toutes les grasses pâtures sédimentaires, tandis que les exogrades fouisseurs défendaient avec une brutalité efficace les régions de terriers et de vulcaïdes. C'est pourquoi les sexo-grades n'avaient pu se développer que dans les espaces interstitiels, où la nourriture était beaucoup moins abondante, parfois manquante, et ils avaient dû s'adapter aux ressources les plus variées et les plus inattendues, parmi les sédiments, mais surtout les flores et faunes de l'île, qu'il s'agisse des bactoïdes, des coloïdes, des électroïdes survivants (ils avaient dû trouver des stratégies d'évitement de leurs ondes électriques), des tentaculides, voire des aérozoaires, particulièrement difficiles à capturer. Cette quasi-disette permanente les contraignait à ne vivre qu'en petits groupes restreints de quelques dizaines d'individus, mais aussi à inventer tout un outillage extra-corporel à même de se procurer les nourritures convoitées et de les rendre plus assimilables lorsqu'elles étaient par trop étrangères à leur organisme. Malgré leur comportement prédateur, ces petits groupes ingénieux et minoritaires ne représentaient guère de menaces pour les autres espèces biologiques, de toute façon bien plus rudimentaires, et à peine plus pour les autres exogrades, bien installés sur leurs territoires respectifs.

Au fil des millénaires (il faudrait plutôt compter en centaines de milliers d'années terrestres), ces groupes avaient cependant colonisé l'ensemble des niches écologiques les plus favorables à leur alimentation éclectique, en évitant les zones tenues par les autres exogrades. Le jeu combiné de la sélection naturelle et de la sélection sexuelle avait favorisé l'émergence d'individus au système électro-sensoriel de plus en plus complexe, mieux à même de procurer les aliments les plus riches pour leur métabolisme, lui-même en constante évolution. Cette complexité qu'on put dès lors qualifier de « psychique » commençait même à dépasser les strictes nécessités de leur approvisionnement alimentaire et de leurs comportements reproductifs. L'accouplement entre deux individus de sexes différents, qu'on nommera ici par commodité « femelle » et « mâle », s'était longtemps réalisé dans une sorte d'évidence, dans la limite des croisements possibles à l'intérieur de groupes de petite taille. L'intelligence collective de ces groupes, médiée par des mécanismes ondulatoires, gérait au mieux les rapports entre individus pour aboutir à un consensus social global, même si les paramètres entrant en jeu ne faisaient qu'augmenter en nombre avec la complexité croissante des systèmes psychiques de chaque individu.

De la musique à huit pattes

Cet excès de complexité psychique par rapport aux besoins quotidiens se cherchait de nouveaux objets d'application, aussi bien vers le monde extérieur, dont l'exploration se faisait de plus en plus fine et systématique au sein de chaque groupe de sexogrades, que vers l'intérieur, c'est-à-dire vers l'ensemble des psychismes en œuvre, individuels ou collectifs. Par exemple, ils avaient remarqué que les outils mis au point pour l'acquisition de nourriture produisaient des vibrations pendant leur utilisation, vibrations dont ils pouvaient varier l'intensité et le rythme au-delà même de leur utilisation pratique, au point de les perfectionner de plus en plus pour en faire jaillir des effets toujours plus innovants. Même s'ils vivaient séparés les uns des autres, chacun sur un territoire différent, il arrivait que des groupes se rencontrent lors d'explorations réciproques et qu'ils se fassent mutuellement partager de nouvelles inventions vibratoires. De même, si leurs accouplements s'étaient longtemps réalisés, à des périodes régulières, avec une évidence instinctive et un minimum de satisfaction, leurs recherches exploratoires, partagées collectivement, leur avaient montré qu'ils pouvaient accroître de manière considérable cette satisfaction, un peu à l'instar, mais en beaucoup plus intense, de leurs expériences vibratoires. De fait, leurs huit pattes et leurs organes reproducteurs offraient de nombreuses combinaisons auxquelles chacune (et chacun) des sexogrades réagissait à sa manière et faisait partager les sensations. Le perfectionnement continu de leurs outils quotidiens libérait d'ailleurs de nombreuses plages de temps libre permettant de parfaire l'exploration de ces sources de plaisir, qui se développaient à mesure.

Si les troupeaux gigantesques d'exogrades grégaires ne leur posaient aucun problème particulier, dans la mesure où ces derniers se cantonnaient à leurs zones alimentaires usuelles, ils avaient eu parfois à subir les attaques ponctuelles d'exogrades fouisseurs à la recherche de nourriture, et certains y avaient laissé la vie. Pour y remédier, ils avaient installé des sortes de barrages et de dispositifs d'alerte, utilisant en particulier des électroïdes convenablement disposés, dont les décharges décourageaient les importuns, ainsi que des aérozoaires susceptibles de signaler des mouvements intempestifs à proximité de leurs territoires. Les exogrades fouisseurs, figés dans leur système social performant bien que strictement utilitaire, et dont l'évolution était beaucoup plus lente du fait de la reproduction par scissiparité, avaient intégré qu'il était inutile de s'attaquer à ces territoires particuliers, d'autant qu'ils avaient suffisamment à faire avec le leur propre et avec les attaques d'autres fouisseurs aux techniques traditionnelles agressives et bien connues.

S'ils se communiquaient entre eux, afin d'instruire ceux qui ne les avaient pas directement vécus, les relations d'événements particuliers (chasse fructueuse, attaque facilement repoussée, accouplement particulièrement élaboré et réussi, etc.), les sexogrades purent éprouver aussi que, à la manière des instruments que l'on faisait vibrer pour le plaisir, on pouvait aussi composer des récits plaisants qui combinaient faits réels et inventés, auxquels il était loisible de croire ou de ne pas croire. On pouvait aussi combiner ces récits avec des mélodies vibratoires, que chacun ressentait au fond de lui-même, et qu'il pouvait amplifier par les mouvements de son propre corps. Et l'on pouvait même mettre tout cela en harmonie avec des moments particuliers – montée périodique des hautes marées jusqu'au bord du territoire, ou bien passage rapide du Petit Satellite ou, plus lent, du Grand Satellite dans l'interminable ciel nocturne. Car s'ils n'avaient pas d'yeux comme les nôtres, leur système de perception les renseignait aussi bien, quoique d'une autre manière, sur les mouvements des astres, d'autant que leurs capacités perceptives ne cessaient de s'affiner, notamment par le développement propre des trois ocelles qui couronnaient leur « tête ».

Ces phénomènes astronomiques qui autrefois n'avaient pour eux aucune importance, car bien lointains et sans influence évidente, commencèrent à encadrer de plus en plus leurs réflexions collectives, d'autant qu'ils pouvaient désormais en constater les effets concrets. Ainsi, les marées océaniques, mais aussi le soulèvement des terres elles-mêmes sous l'effet des marées terrestres, avaient bien à voir avec le passage régulier des deux Satellites. L'apparition et la disparition de l'Étoile modifiaient la température ambiante et le comportement de nombreuses espèces animales ou végétales. Ces effets directs et rythmés, un peu comme ceux, vibratoires, de leurs instruments musicaux, pouvaient donner à penser à certains groupes de sexogrades que ces lumières visiblement lointaines organisaient une bonne partie de leur cadre de vie. Ils en embellissaient et en enrichissaient leurs récits collectifs ondulatoires, lesquels étaient échangés d'un groupe à l'autre. Toutefois, s'il était clair que tel mouvement sur un outil de chasse ou sur un instrument de musique produisait tel ou tel effet, si du moins on en décidait ainsi, la régularité parfaite du mouvement de l'Étoile et des deux Satellites, ou encore de cet étrange Amas de lumière périodiquement présent dans une partie du ciel, s'accordait mal avec l'action délibérée d'êtres particuliers qui en organiseraient les mouvements. Il en était donc ainsi, mais pourquoi ?

Au-delà des pâturages

D'autres groupes de sexogrades s'efforçaient de penser les choses autrement. Une partie du monde semblait s'organiser en deux. Il y avait les mâles et les femelles, les marées montantes et descendantes, la longue nuit et le long jour, les deux Satellites dans le ciel. D'une autre façon, chacun avait deux fois quatre pattes et les deux moitiés du corps symétriques. Ou bien encore, une chose (un être, de la nourriture, l'Étoile, l'Amas lumineux) était là ou bien n'était pas là. Mais il y avait aussi des choses qui allaient par trois, quand il y avait à la fois dans le ciel de jour l'Étoile et les deux Satellites, ou bien dans le ciel de nuit l'Amas et les deux Satellites. Une femelle et un mâle donnaient naissance à un seul être ; mais chez les exogrades grégaires, un seul être donnait naissance à un seul autre être.

Ainsi se perfectionnait, avec une vitesse s'accélérant au fil des millénaires, la compréhension du monde par les sexogrades. De quelques dizaines, ils étaient passés à des groupes de plusieurs centaines d'individus, à mesure que la complexité croissante de leur psychisme leur permettait de gérer collectivement un nombre tout aussi croissant d'informations quant à leur environnement et à leurs rapports sociaux. Ces groupes coexistaient pacifiquement, car il n'y avait aucune raison qu'il en allât autrement. Le rythme des naissances était relativement lent et ils avaient appris à le contrôler, tout comme était lent leur rythme de vie, avec l'alternance des longs jours et des longues nuits. Leurs moyens d'alimentation s'étaient tout autant perfectionnés, de même que leur métabolisme s'était adapté aux ressources les plus avantageuses. Il n'y avait aucune raison que certains aient plus à manger que d'autres, puisque la nourriture était abondante, ou que certains aient plus d'instruments de musique que d'autres, puisqu'ils étaient de toute façon collectifs et que chacun s'ingéniait à en créer de nouveaux, tout comme des rythmes et des récits nouveaux. De toute façon, leur intelligence collective continuait à approfondir et à régler toute interrogation ou difficulté qui venait à surgir.

Le temps qu'ils consacraient à des récits musicaux et à des réflexions sur le monde s'accroissait d'autant. Ils avaient entrepris de classer l'ensemble des choses sensibles extérieures, et aussi celles qui ne l'étaient pas, c'est-à-dire leurs propres productions psychiques, lesquelles fonctionnaient de jour du fait de leurs activités, mais aussi pendant leurs longs sommeils nocturnes – fournissant autant de matières supplémentaires à leurs imaginations. Classer et expliquer les avait poussés à créer de nouveaux instruments d'exploration, combinant et développant leur propre système de communication avec d'autres phénomènes physiques, comme l'électricité qu'émettaient les électroïdes. Puis ils en avaient amplifié l'effet en utilisant les différents métaux et éléments que recélaient le sous-sol de la Planète et le fond des océans pour élaborer des machineries d'une sophistication confondante.

C'est ainsi que, quelques millénaires encore plus tard, ils mirent au point et ne cessèrent de perfectionner, sous des formes encore difficiles à saisir compte tenu de la faiblesse des connaissances terrestres actuelles, l'exploration à distance des phénomènes astronomiques les plus proches de la Planète, puis de plus en plus éloignés. Ils comprirent que l'Étoile appartenait à une Galaxie, mais qu'elle se trouvait sur son bord extérieur, d'où le vide d'une partie du ciel nocturne. Ils explorèrent peu à peu, toujours à distance, l'ensemble de cette Galaxie, où ils décomptèrent plus de 230 milliards d'autres étoiles, tandis que, en dehors d'elle, ils entreprirent de dénombrer les autres galaxies perceptibles, soit plusieurs centaines de milliards, chacune avec plusieurs centaines de milliards d'étoiles – mais le décompte n'en est toujours pas achevé à ce jour. Toutes ces étoiles n'étaient cependant pas toujours entourées par des planètes, mais un nombre considérable d'entre elles en possédaient. De même, toutes ces planètes n'étaient pas forcément favorables à la vie, car il fallait une température et une atmosphère adéquates. Il fallait aussi que des formes de vie suffisamment complexes et intelligentes, sinon capables de communiquer, s'y soient ensuite développées. La plupart du temps, ce n'était pas le cas, ou pas encore le cas ; et dans d'autres cas, cette vie s'était déjà éteinte.

Une insignifiante naine jaune, à 32 000 années-lumière

C'est ainsi qu'ils s'intéressèrent un jour à deux des planètes qui tournaient autour d'une naine jaune, située à environ 32 000 années-lumière terrestres de l'Étoile (l'année-lumière est ici une unité de distance commode et facile à se représenter, même si les moyens d'investigation céleste des sexogrades étaient beaucoup plus rapides que la lumière[1]). Huit planètes de bonne taille tournaient autour de cette naine jaune, sans compter une demi-

---

1. L'un des auteurs (R. L.) s'est insurgé contre cette fantaisie supraluminique. En outre, a-t-il fait remarquer, les habitants de la Planète voient, dans leurs télescopes, la Terre telle qu'elle était il y a 32 000 ans, c'est-à-dire au Paléolithique. Les rares tribus humaines visibles dans le paysage (celles qui ne peignaient pas la grotte Chauvet) devaient chasser le mammouth et le tigre à dents de sabre, mais tout développement sur les Romains, les Gaulois ou l'invasion chinoise est *a priori* interdit par les lois de la physique et la finitude de la vitesse de la lumière. Pour autant, la distance de 32 000 années-lumière a été conservée au terme d'un débat houleux entre les auteurs. L'éditeur estime quant à lui que le lecteur appréciera qu'une dose de fiction vienne ici pimenter le récit savant, d'autant que cela annonce le texte purement fictionnel qui suit.

douzaine de planètes naines et de nombreux astéroïdes, ainsi que les quelque 175 satellites de ces différentes planètes. Seules les quatre premières planètes étaient massives et comparables à la Planète, les plus grandes étant constituées de gaz. La vie avait quasiment disparu de la quatrième et, d'après leurs dernières observations, risquait de disparaître également de la troisième, qu'on appellera ici « Terre » par commodité.

Les sexogrades s'étaient mis à étudier les formes de vie sur cette « Terre » depuis de nombreux millions d'années. Lors de leur première exploration à distance, avec des techniques encore tâtonnantes, il y a une centaine de millions d'années, ils avaient repéré une forme de vie collective assez élaborée qui leur avait rappelé les exogrades fouisseurs, mais avec une taille beaucoup plus petite et une matière corporelle plus dure et articulée. Cette forme de vie leur avait donc paru caractériser cette planète, et ils l'avaient trouvée particulièrement bien adaptée, d'autant qu'elle ne comptait pratiquement que des femelles. Ils avaient pensé un temps que cela aurait pu être l'aboutissement ultime, dans sa perfection, de toute vie et de toute organisation sociale sur cette Terre. De fait, depuis 100 millions d'années, chaque fois qu'ils avaient pu l'observer, cette forme de vie et d'organisation sociale s'était perpétuée presque intacte. Mais d'autres formes de vie étaient encore plus anciennes et demeuraient tout autant inchangées, bien que beaucoup plus primitives, notamment dans leur vie sociale, tels ces organismes marins qu'on appellera ici, toujours par commodité, des « méduses » et des « étoiles de mer », apparues il y a 650 millions d'années terrestres, et dont la perfection formelle semblait encore mieux adaptée à cette planète.

C'est pourtant dans les derniers millions d'années que les choses ont vraiment changé sur cette planète, avec un petit groupe de mammifères primates qui se mouvaient sur quatre, puis sur deux pattes. D'abord confinés dans un seul continent au climat chaud, ils en sortirent progressivement au cours des deux derniers millions d'années, pour se répandre un peu partout, en petits groupes de quelques dizaines d'individus, à l'image des sexogrades originels. Ces petits groupes vivaient de manière relativement paisible, aussi bien au sein de chaque groupe qu'entre groupes, en consommant la nourriture végétale et animale qu'ils trouvaient autour d'eux. Mais des événements totalement incompréhensibles se produisirent il y a un peu plus de dix mille ans, à peu près simultanément dans plusieurs points de la planète, et cela au moment où elle sortait d'une période froide de plus de 100 000 années.

En voici la relation, telle qu'elle a pu être reconstituée, pour l'une au moins de ces régions :

L'idée la plus absurde de l'histoire terrienne

Au bord du fleuve Tigre dans le pays appelé Kurdistan, le 1ᵉʳ avril 8789 avant l'ère commune des Terriens...
Le groupe d'hommes rentre de la chasse. Elle a été bonne : plusieurs mouflons (ou moutons sauvages), une antilope, un jeune aurochs, rabattus par les chiens et abattus à coups de flèches. Deux agneaux nouveau-nés encore vivants font

*aussi partie du butin. On n'a pas pris la peine de les tuer. Après tout, la viande pourrait se conserver plus longtemps si les animaux restaient provisoirement en vie. Ils gisent par terre, les pattes entravées. M*** s'approche de l'un d'eux et le caresse. Elle écarte le jeune chiot qui rôde autour en grondant et qui la suit habituellement. Elle remet l'agneau sur ses pieds et demande à son père le droit de jouer avec lui. Sa meilleure amie fait de même avec l'autre animal, une agnelle.*

*Au fil des semaines, les agneaux grandissent. Des femmes du village leur ont parfois donné le sein, le temps qu'ils sortent de leur petite enfance. Maintenant, partout où va M***, son agneau la suit. Le chiot grandit aussi, et s'est habitué à l'agneau, qui lui-même n'en a plus peur, et dont les cornes pointent. Il leur arrive de jouer, de faire semblant de se pourchasser. L'agnelle de son amie grandit aussi. Les animaux restent dans le village, au plus près des maisons. Parfois des chasseurs avaient rapporté d'autres animaux nouveau-nés, capturés au gré de leurs battues. Mais les toutes jeunes antilopes et hémiones, ou encore faons, s'étaient débattus avec tant de panique et de désespoir qu'il avait fallu les abattre, quand ils n'avaient pas été rattrapés par les chiens en tentant de fuir. Peut-être cela avait-il commencé ainsi, il y a bien des générations, lorsque leurs ancêtres avaient commencé à apprivoiser de jeunes louveteaux, qui étaient devenus des chiens, au point de chasser à leur tour les bandes de loups qui parfois rôdaient près des villages ou bien disputaient leurs proies aux chasseurs. Maintenant, certains chasseurs se faisaient même enterrer avec leur chien, que l'on tuait au moment de leur mort.*

C'est comme cela aussi qu'avaient été apprivoisés les grains de blé et d'orge. De toute éternité, pendant les quelques semaines où les épis sauvages étaient mûrs, tous les habitants du village, hommes, femmes, enfants, vieillards, se

rendaient dans la savane pour repérer les plants et les cou-
per avec une faucille faite d'un manche d'os ou de bois de
cerf où étaient insérés et collés des éclats de pierre tran-
chants. Une partie de la récolte était stockée dans des
paniers ou des sacs de peaux, une autre était conservée,
pour les mois suivants, dans des fosses creusées dans le sol
près des maisons et soigneusement rebouchées avec de la
terre. Si le bouchon n'était pas parfait, les graines pouvaient
pourrir, mais certaines germaient. C'est pourquoi les
ancêtres astucieux avaient eu l'idée de mettre ces graines
germées dans la terre, ou bien d'enfouir directement des
grains quelque temps après la récolte. Ainsi, on avait pu
faire pousser les plants de blé et d'orge tout près du village,
même si d'autres plantes, qu'il fallait arracher au fur et à
mesure, venaient aussi s'y mêler. Ainsi, comme les louve-
teaux devenus des chiens dociles (du moins la plupart du
temps), les blés et les orges poussaient près des humains.

Cela en valait-il vraiment la peine ?
Cela demandait néanmoins beaucoup d'efforts. Bien plus,
disaient certains, que si l'on avait laissé les blés et les orges
pousser tout seuls à leur guise, pour les ramasser quand ils
étaient mûrs, ainsi que l'on avait longtemps fait. D'autant
que dans ces champs artificiels les souris abondaient et se
servaient, comme d'ailleurs dans les fosses à conserver les
grains. Quelques-uns avaient essayé d'apprivoiser des
renardeaux ou des chatons sauvages en espérant qu'ils
chasseraient les souris. Mais dès qu'ils grandissaient, ces
animaux griffaient, mordaient et finalement s'échappaient.
Les deux moutons avaient atteint leur taille adulte en
moins d'un an, et on avait pu les voir s'accoupler à plu-
sieurs reprises. Cinq lunes plus tard, deux nouveaux
agneaux vinrent au monde. En quelques années, le village
se retrouva avec un véritable troupeau qui eut tôt fait de

dépasser les capacités d'attention et de tendresse des deux fillettes, maintenant bien avancées en âge elles aussi. Il fallait désormais couper des plantes pour nourrir les animaux, car on ne pouvait les laisser libres de divaguer, compte tenu des loups et parfois même des vautours. C'est pourquoi il fallait aussi les maintenir la plupart du temps dans des enclos faits de piquets de bois et de branches souples. Si la première brebis et le premier bélier faisaient toujours l'objet d'attentions de la part des jeunes filles devenues femmes, on convint qu'il était normal d'abattre la plupart des mâles, surtout les plus agressifs, dès leur taille adulte, ce qui diminuait d'autant la nécessité de passer du temps à la chasse et fournissait ainsi un gibier garanti. D'autres villages voisins avaient d'ailleurs suivi l'exemple et l'on pouvait entendre, en passant à proximité, les bêlements des nouveaux troupeaux. Au point que l'on commençait maintenant à agir de même avec d'autres jeunes animaux, marcassins, veaux d'aurochs, chevreaux, hémiones, antilopes, gazelles, avec plus ou moins de succès.

Cette nouvelle manière de vivre avec les animaux et les plantes assurait une nourriture beaucoup plus facile. Dans les temps de sécheresse, lorsque les animaux sauvages partaient au loin, ou bien mouraient sur place, le troupeau domestique, soigneusement entretenu, garantissait une réserve de viande. Mais il y avait aussi des inconvénients. S'occuper en permanence des animaux était beaucoup plus long que d'aller les tuer à la chasse, alors même que la savane était la plupart du temps giboyeuse. Certes, les hommes continuaient à chasser, ne serait-ce que par plaisir et pour se défier entre eux, mais ils avaient beaucoup moins de temps qu'auparavant. Il fallait conduire les troupeaux, accumuler du fourrage, soigner les bêtes, veiller aux accouchements, etc. En outre, certains de ceux qui s'occupaient le plus des moutons contractaient parfois de très fortes fièvres, une maladie inconnue jusque-là. Pour les plantes désormais cultivées, c'était aussi davantage de travail afin d'entretenir les champs, de les protéger contre les rongeurs et le passage de troupeaux errants, d'arracher les mauvaises herbes. Et puis, à force de manger plus de bouillies de blé et d'orge qu'auparavant, il semblait que les dents se gâtaient plus vite. Cette nourriture mieux assurée et l'abandon du nomadisme ancien faisaient croître de plus en plus les communautés en taille. Parfois il fallait fonder de nouveaux villages. Qu'allait-on faire de ces masses humaines de plus en plus nombreuses ?

Et tout cela ne concernait encore que la vie pratique. La chasse était aussi affaire de rapports avec les Esprits. Tous les chasseurs du monde entier savent que ce sont les Esprits des animaux qui accordent leur mort, mort qu'il faut demander mais aussi réparer. Les humains ne sont-ils pas une espèce animale parmi d'autres, et certains clans ne descendent-ils pas d'ancêtres animaux ? Mais quels esprits s'occupaient désormais de ces nouveaux animaux domestiques ? Qui protégeait les nouvelles plantes cultivées ? Maintenant que les chasseurs naguère nomades étaient devenus des agriculteurs et éleveurs dans des villages sédentaires de taille croissante, les cérémonies réunissaient beaucoup plus de monde, des bâtiments particuliers étaient construits, les rituels étaient de plus en plus compliqués, de nouvelles figurations étaient inventées. Cela était-il bien ? Et que devenaient les anciens esprits ? [...]

Cette décision collective, mais jamais vraiment discutée et même à peine consciente, de cultiver les plantes et d'élever les animaux, avait été, pour les sexogrades, absolument incompréhensible. En effet, cette nouvelle abondance de nourriture, acquise à grands frais, allait bouleverser la vie paisible de ces Terriens. Leur nombre, jusque-là stable, se mit à exploser sur toute la surface de leur planète. On vit se multiplier les conflits à l'intérieur de ces rassemblements humains de plus en plus vastes et difficiles à gérer, certains s'appropriant des biens jusque-là collectifs, et conduisant leurs sujets contre d'autres groupes pour s'emparer de leurs terres. Une autre voie aurait-elle été possible ?

Un autre monde était-il possible ?

Sur la rive occidentale du Bosphore, vers 5789 avant l'ère terrestre commune...
Il n'y avait pas très longtemps que ce bras de mer était là. Les récits des ancêtres racontaient qu'auparavant il n'existait pas, et qu'au nord s'étendait juste un grand lac d'eau douce, alimenté par les grands fleuves des steppes. Puis il y eut plusieurs tremblements de terre, la terre s'ouvrit et la mer salée du Sud se répandit dans le lac, qui tripla de volume, et devint salé à son tour. Il ne fallait cependant que peu de temps pour traverser le bras de mer dans les pirogues taillées avec les outils de pierre. Avec ces mêmes pirogues, d'autres hommes avaient rejoint les îles qui s'étendaient un peu partout dans la vaste mer du Sud et, de proche en proche, vers le soleil couchant, certains avaient même atteint une nouvelle terre ferme. D'aucuns transportaient avec eux des animaux, du type de ceux que l'on tuait à la chasse. Mais ces animaux-là étaient en général de plus petite taille, et surtout d'une étonnante docilité. Ils ne cherchaient nullement à fuir les hommes, se frottaient au contraire à eux, ne craignaient pas les chiens, et semblaient

tout attendre des hommes. Ces humains, quand ils avaient pris possession d'un morceau de terre – ce n'était pas la terre qui manquait, de toute façon – avaient entrepris à grand-peine de couper les arbres avec des outils de pierre, et de brûler la forêt, du moins lorsque les vents activaient les feux qu'ils allumaient. Avec les arbres coupés, ils construisaient de vases huttes. Sur une partie de la forêt brûlée, ils faisaient venir des herbes nouvelles, inconnues jusque-là, dont ils écrasaient ensuite les grains pour les manger.

Cela semblait leur demander beaucoup d'efforts : il fallait empêcher les oiseaux, mais aussi les cochons de la forêt, voire les aurochs, de manger les plantes ; il fallait enlever les autres plantes qui s'installaient au même endroit et dont ils ne voulaient pas, et empêcher les jeunes arbres de repousser ; il fallait garder les graines d'une année sur l'autre pour les remettre dans la terre. Bref, leurs femmes travaillaient toute la journée et presque toute l'année pour ces très précieuses plantes dont le goût, écrasées en bouillies ou bien cuites en pâte, était assez fade. Les hommes devaient trimer tout autant pour brûler et arracher les arbres et leurs souches, puis aplanir la terre pour planter ces graines. Ils devaient aussi protéger leurs animaux trop dociles contre les loups, les ours et les lions, alors que le gibier ne manquait pas dans les forêts : il aurait été tellement plus simple de l'abattre à coups de flèches, d'autant que les aurochs et les sangliers étaient de plus grande taille et de bien meilleur goût que ces animaux qu'il fallait nourrir une partie de l'année, quand les animaux sauvages se nourrissaient tout seuls.

Si les nouveaux arrivants parlaient une langue qu'on ne comprenait pas du tout au début, les chasseurs-cueilleurs, peu nombreux, et les nouveaux agriculteurs étaient parvenus, à force de gestes, à élaborer un langage commun et à apprendre suffisamment de la langue de l'autre. Comme les nouveaux venus chassaient très peu, et que leurs champs prenaient assez peu de place, les relations, de curiosité réciproque, étaient restées relativement bonnes. On échangeait parfois de la nourriture, ou bien des coquillages. Des idylles s'étaient nouées entre jeunes gens, et des unions en étaient nées. Toutefois, les chasseurs (ou les chasseuses) qui étaient allés vivre parmi les agriculteurs dans leurs villages, revenaient bien déçus dans leur famille d'origine : la vie était pénible, et les travaux permanents pour gérer les animaux et toutes ces plantes. Dans l'autre sens, les jeunes agriculteurs ou agricultrices, décontenancés au début, n'avaient pas découvert sans plaisir ce mode de vie étrange où une grande partie du temps était consacrée à regarder autour de soi les oiseaux et les fleurs, à parler et à raconter, à jouer de la flûte et du tambour et à danser. Le gibier ne manquait guère, non plus que les poissons et les coquillages. Et, suivant les saisons, on trouvait dans la forêt des baies délicieuses, des feuilles à mâcher ou à cuire et des racines à collecter, une fois apprises toutes ces nombreuses espèces de plantes. Peut-être parce qu'ils se déplaçaient régulièrement, ou qu'ils s'en donnaient les moyens, ces petits groupes de chasseurs avaient beaucoup moins d'enfants que les agriculteurs, et leurs campements comptaient donc moins de monde que les villages d'agriculteurs.

Flower Power

Ces mélanges, ces échanges, ces amours alimentaient des débats de plus en plus nombreux dans les villages d'agriculteurs. Il est vrai que si ces nouvelles terres étaient plus souvent arrosées par les pluies que leurs terres orientales d'origine, les températures étaient plus rudes l'hiver. La neige n'était pas rare, les pluies pouvaient même être catastrophiques, faisant pourrir les stocks de graines. Les étés étaient en revanche parfois aussi arides et brûlants que naguère plus au sud. Aussi, les jeunes agricultrices s'éprirent de plus en plus souvent des jeunes chasseurs aux airs nonchalants, arc à l'épaule, fleurs dans les cheveux, qui leur offraient une vie plus détendue, où la rêverie, le chant et les flâneries prenaient tant de place et où l'on faisait moins d'enfants, même si les activités érotiques occupaient beaucoup de temps au fin fond des forêts. Leurs sœurs restées au village en devenaient de plus en plus songeuses. Au point que quelques jeunes gens abandonnèrent leurs travaux agricoles pour se joindre à des groupes de chasseurs, même sans s'être engagés préalablement dans des unions durables.

Au fil des années, les villages d'agriculteurs se dépeuplaient, les champs étaient de plus en plus difficiles à entretenir, la forêt repoussait un peu partout. Certains agriculteurs se mirent à chasser, pour compléter la viande que les troupeaux, parfois décimés par des maladies, ne leur apportaient plus. Au contact des chasseurs, ils apprirent à mieux tirer parti des ressources végétales de la forêt, des berges et des lisières, à guetter les poissons et les écrevisses, à ramasser glands et châtaignes. Certes, des groupes d'agriculteurs venus d'Orient continuaient d'aborder dans leurs pirogues la terre occidentale, puisque la place commençait à manquer chez eux. Toutefois, en retrouvant leurs cousins éloignés établis avant eux mais de moins en moins enclins à s'échiner à travailler des sols ingrats, beaucoup se laissaient convaincre, au point que la rumeur gagna même la rive orientale du bras de mer. Avec la reprise du mode de vie nomade, et la diminution des naissances, un point d'équilibre avait été trouvé. Bientôt les moutons et les chèvres redevinrent sauvages, porcs et bœufs se mêlèrent aux sangliers et aux aurochs. Les blés et les orges poussèrent en herbes folles et on continua de les ramasser lorsqu'on en trouvait, au détour d'une clairière ; mais il y avait tant d'autres bonnes choses à manger.

Avec le nouveau temps libre, on inventa peu à peu de nouveaux mythes et de nouvelles cérémonies, de nouvelles danses et de nouveaux chants. Il arrivait que les hivers fussent trop rudes et que les réserves viennent à manquer, que les plus âgés meurent avant l'heure. Mais on pouvait aussi se mouvoir plus loin, là où d'autres groupes humains pouvaient vous aider, le temps de passer ces mauvais moments.

Finalement, l'agriculture et l'élevage n'atteignirent jamais l'Europe. Les populations continuèrent à croître dans tout le Proche-Orient, menant bientôt à l'apparition de véritables villes, de royaumes et d'empires de plus en plus féroces et tyranniques. Leurs vaisseaux longeaient parfois les côtes de l'Europe. Mais il n'y avait rien à tirer de ces forêts inextricables. Quant aux sauvages qu'on y avait parfois capturés, ils étaient de toute façon inaptes au travail...

Pourtant, tout indiquait que l'agriculture et l'élevage s'étaient finalement répandus au fil du temps sur toute la planète Terre, à de très rares exceptions près. Il était étonnant que ces Terriens aient ainsi compliqué à plaisir leur mode de vie et l'aient rendu beaucoup plus astreignant, avec un seul bénéfice perceptible : multiplier à l'infini leur nombre et créer sur toute leur planète des masses humaines sous-nourries, misérables et agressives. L'une des conséquences les plus remarquables de cet état de choses avait été l'étonnante apparition d'individus qui s'efforçaient de s'approprier les biens jusque-là communs, et ce sans aucune justification. Plus les masses humaines s'accroissaient, plus il y avait de différences, avec toute une gradation, entre les plus misérables et les plus riches. Il avait pourtant semblé aux sexogrades que les premières apparitions de ces individus appropriateurs n'avaient rien d'irréversible, comme le montraient certains récits :

Fallait-il des Chefs ?

Sur les bords de l'Atlantique, vers 3947 avant l'ère terrestre commune...

Tout le village avait œuvré pendant des années pour construire l'immense monument de granite. Il avait fallu débiter les lourdes dalles de pierre, en enfonçant des coins de bois gonflés par l'eau dans les fissures des roches préalablement mises à nu, et en les faisant éclater au feu. Il avait fallu les traîner pendant des jours, avec des dizaines et des dizaines d'hommes, en les faisant rouler sur des rondins, et en tirant le tout par des cordes végétales confectionnées par les femmes. Il avait fallu construire des plans inclinés en terre puis faire basculer chaque dalle dans son logement en utilisant des leviers de bois, puis faire de même pour les dalles, plus lourdes encore, qui recouvraient l'ensemble. Plusieurs hommes avaient péri, écrasés, lors de toutes ces manœuvres. Puis tout le village, hommes, femmes, enfants et même vieillards, avait transporté la terre et les pierres pour élever l'immense tertre qui protégeait et signalait de partout le monument. Ensuite, on avait gravé pendant des jours et des jours, avec les marteaux de quartz blanc sur la pierre si dure, les dessins sacrés qui avaient été prescrits, lignes ondulantes de l'eau, haches, et même la forme du cachalot immense qui s'était échoué il y a longtemps sur la plage. Enfin, tout était prêt.

Quand le Chef vieillissant eut atteint le soir de sa vie, emporté par une forte fièvre que nul n'avait pu guérir, on l'avait transporté, au milieu des chants et de tous les rites nécessaires, au centre de la chambre, avec tous les objets merveilleux venus d'ailleurs, les grands bracelets plats, les longues et fines haches vertes sans pareilles, les perles noires et vertes, les présents de cuir, de tissu et de bois, les nourritures pour la vie d'après. Puis on avait muré avec soin l'entrée du long couloir. À maintes reprises, tout au long de l'année, on accomplissait des sacrifices devant le monument et on apportait à la famille du Chef, et surtout à son Fils, de nombreux cadeaux afin d'assurer la prospérité sur toutes les terres et les troupeaux.

Pourtant, la prospérité était loin d'être là. Des années trop sèches s'étaient succédé, malgré les prières et les incantations du Fils du Chef, des bêtes étaient mortes de maladies, d'autres avaient été razziées de nuit par des pillards qui n'avaient pu être retrouvés. Le Fils du Chef s'était alors fait plus pressant, réclamant encore plus de parts des récoltes déjà maigres et des troupeaux en partie décimés. Il prétendait garder pour lui les biens venus de loin que l'on obtenait par échange, en offrant les petites haches verdâtres que l'on fabriquait sur place avec les roches locales, ou bien les pots de sel que l'on obtenait en faisant bouillir l'eau de la mer. C'était pourtant une grande partie du village qui travaillait durement pour produire ces haches et ce sel. Certes, il était difficile de s'opposer ouvertement au Fils du Chef, car il était constamment entouré d'une bande de jeunes gens à sa solde, vigoureux, oisifs et attentifs au moindre de ses désirs ou de ses ordres.

Pourtant, la lassitude et le découragement se répandaient chez la plupart des villageois. Bientôt, on sut que deux familles avaient disparu d'une nuit sur l'autre, emmenant leurs bêtes et tous leurs objets, et laissant leur grande maison vide et abandonnée. Quelques mois plus tard, on apprit de voyageurs de passage qu'elles s'étaient établies au-delà des confins de la communauté, dans une contrée encore presque vide d'habitants, bien trop loin pour les faire revenir de force – et comment aurait-on pu les contraindre, d'ailleurs, sauf à les tuer, ce qui n'aurait pas accru les forces du village. En très peu d'années, le village perdit une grande partie de ses paysans, et le Fils du Chef une grande partie de ses sujets. Il avait eu beau proférer des menaces, les brutalités verbales et physiques de ses hommes de main n'avaient fait que renforcer les candidats au départ dans leurs résolutions. Son appel aux esprits surnaturels n'avait pas été plus efficace, puisque l'on voyait bien qu'il n'avait aucun contrôle sur eux.

Bientôt, les rituels s'espacèrent autour de la grande tombe du Chef, que recouvrit une inextricable végétation, autre signe que les esprits avaient abandonné son lignage. Finalement, dans le village presque vide, le Fils du Chef, ses frères et leurs épouses durent se remettre au travail. Certains disent qu'il aurait essayé, sans succès, de s'imposer par la persuasion et la force auprès d'autres villages, en faisant miroiter les quelques longues haches vertes et les colifichets brillants qu'il avait réussi à conserver. D'autres affirment qu'il y réussit parfois, d'autres qu'il aurait été tué par un rival qu'il s'efforçait de supplanter, ou par des villageois mécontents. Quant au grandiose tombeau du Chef, il aurait été redécouvert beaucoup plus tard par un autre candidat à la chefferie, qui l'aurait fait vider et nettoyer, prétendant qu'il s'agissait là des vestiges prestigieux d'un grand héros du temps jadis, son lointain ancêtre, et qu'il entendait le remettre en usage.

Toujours est-il que se succédèrent ainsi, au fil des siècles, le long des rivages de l'océan dit « Atlantique » par commodité, ces moments où des « Chefs » réussissaient à convaincre

> *des esprits crédules de leur incontournable importance, exigeant d'eux travaux, nourriture et tributs, en échange de leur protection matérielle et spirituelle et de leur éventuel accès à un Autre Monde meilleur qu'aurait mérité leur obéissance. Pourtant, l'histoire montre que ce furent, là comme dans beaucoup d'autres régions du monde, des moments éphémères. Pourquoi de telles tentatives refaisaient-elles régulièrement surface ? Ou aussi bien, pourquoi semblaient-elles inexorablement, à plus ou moindre brève échéance, échouer devant la résistance des sujets soumis ? [...].*

Cette question tourmenta longtemps les sexogrades, dans leurs observations répétées sur les Terriens vivants, ou dans leur exploration à distance des vestiges que les Terriens du passé avaient laissés dans le sol de leur planète. Les comportements violents de ces « Chefs », tout comme les actes de soumission de leurs « sujets », leur paraissaient incompréhensibles. Quels avantages retiraient vraiment ces « Chefs » de leur statut, eux qui se coupaient de presque toute relation avec leurs semblables, s'interdisant ces douces communions collectives rythmées par les récits mélodieux et les instruments de musique, dans le seul but d'accumuler des objets inutiles ? Ainsi, les longues haches vertes brillantes des tombeaux atlantiques étaient trop fragiles pour être d'une quelconque utilité pratique, de même qu'à l'autre bout de ce continent, d'autres Chefs se faisaient fabriquer de très longues lames en roche coupante jaune qu'ils emportaient dans leurs tombes mais qui, tout aussi fragiles, ne pouvaient servir à rien, à l'instar de divers objets en métal doré. Pourquoi symétriquement les « sujets » acceptaient-ils leurs brimades, alors qu'il aurait suffi qu'ils interrompent incessamment tout travail pour leurs maîtres, d'autant qu'ils étaient infiniment plus nombreux qu'eux ? Le système psychique de ces Terriens n'était pourtant pas rudimentaire. Éprouvaient-ils des satisfactions à souffrir sans contrepartie ? Cependant, régulièrement, le pouvoir des Chefs s'écroulait. On pouvait donc s'en passer, même si les sexogrades avaient appris que l'on nommait, pour une raison incompréhensible, « Âges sombres » les périodes où il n'y avait plus de Chefs et où l'on fabriquait donc beaucoup moins d'objets inutiles.

Néanmoins, il semble que dans certaines autres régions, souvent situées le long de grands cours d'eau, les Chefs aient réussi à se maintenir durablement, au point de contrôler de très grands territoires appelés royaumes ou empires, et où la population s'entassait dans des logis empilés appelés villes. Ces royaumes et empires se sont peu à peu multipliés, quitte à s'entre-détruire les uns les autres. Certains passent pour avoir duré pendant des siècles, mais tous ont fini par s'effondrer un jour ou l'autre. On cite ainsi les Empires d'Akkad, ou de la vallée de l'Indus, ou de Jiroft en Iran, ou encore ceux des Égyptiens, des cités mississippiennes, des Mayas, des Khmères ou des Mongols. Tout empire est-il condamné à s'effondrer sur cette étrange planète Terre ? On parle pourtant parfois, mais sans certitude, d'un Empire qui aurait pu se survivre longtemps à lui-même s'il avait su changer sa vision du monde :

La chute de Rome n'a pas eu lieu ?

Lutetiae, Forum Concordiae, Ides de Mars, année 1753 depuis la fondation de la Ville [Lutèce, place de la Concorde, 15 mars de l'an Mil de l'ère des Chrétiens]... *Ce jour était un grand jour. Le sénateur N***, majestueusement drapé dans sa toge, inaugurait la fameuse Via Ferrata qui allait apporter le blé des riches plaines belges jusqu'au centre de Lutèce, bien plus vite et à moindre frais que les lourds et lents chariots attelés à des bœufs. S'il tenait à invoquer encore le nom de Jupiter, le roi des dieux, dont le temple majestueux se situait au nord et fermait la perspective de la place, peu de spectateurs s'intéressaient à ces rituels officiels et désuets. La machine s'ébranlait dans un grand souffle de vapeur d'eau. Il était loin, le temps où l'astucieux Héron avait inventé à Alexandrie la première machine à vapeur. L'eau, chauffée, faisait tourner une boule sur elle-même, ce qui était amusant et curieux, mais ne servait pas à grand-chose. En en développant le principe, il avait même créé une autre curiosité, tout aussi inutile : les prêtres allumaient un feu sous un grand chaudron placé devant un temple et, par des tuyères, la vapeur faisait au bout de quelque temps s'ouvrir miraculeusement les portes du temple !*

Plusieurs personnes sensées avaient fait remarquer que l'on aurait pu construire des machines plus complexes. Par exemple, placer un tel chaudron sur un char et, par des engrenages adéquats, en faire tourner les roues. Ou bien faire pivoter sans effort les lourdes roues qui permettaient de monter les charges en hauteur lors de la construction des maisons et des monuments. Il aurait fallu cependant que de telles machines à vapeur déploient une plus grande force. Mais surtout, pourquoi tant d'efforts, pourquoi de

*telles machines forcément coûteuses par la quantité de fer
qu'elles impliquaient, alors que les esclaves faisaient tout ce
travail pour rien, en tournant indéfiniment à l'intérieur des
roues de bois. Il en allait de même pour les navires : pourquoi imaginer que de telles machines aident à les propulser,
alors que les galériens fournissaient une force de travail
peu coûteuse (il fallait seulement les nourrir) et facile à
remplacer (les guerres apportaient leur flot continu de
prisonniers).*

*Oui, mais justement, il n'y avait plus de guerres, ou presque
plus. D'abord, il y a bien des siècles, le mouvement avait
grandi parmi les chevaliers et les sénateurs, et surtout
parmi les riches marchands : que rapportaient, à part des
esclaves en plus ou moins bonne santé, ces guerres lointaines ? Il fallait à grands frais entretenir des dizaines de
milliers de légionnaires, qui en outre provoquaient beaucoup de troubles le reste du temps, là où ils étaient can-
tonnés. Que voulaient tous ces barbares, finalement ? Leur
but n'était pas de détruire pour détruire, même si leurs
dieux étaient différents. Ils voulaient profiter de tous les
avantages de l'Empire, de ses marchandises, du confort
de ses villes, de ses spectacles et de ses jeux. De bouche
à oreille, de l'Orient au Septentrion, les merveilles de
l'Empire étaient chez tous les barbares le principal sujet
de conversation.*

Un Grand Marché unique

*C'est pourquoi on s'était mis à faciliter leur installation à
proximité du limes, cette immense ligne de protection avec
ses remparts, ses palissades, ses camps et ses fortins, qui
courait de la mer du Nord jusqu'à la mer Noire. Certaines
populations avaient même été admises à l'intérieur de
l'Empire. Mais, comme la place manquait, les marchands
avaient étendu leurs comptoirs de plus en plus profondé-*

ment à l'intérieur des territoires barbares, jusqu'à la mer tout au nord, et de plus en plus loin vers l'est. Bientôt, les comptoirs avaient grossi jusqu'à devenir de véritables villes, où des architectes étaient venus installer des cirques, des théâtres, des thermes, des amphithéâtres et des palestres. Une population mêlée s'y pressait, tandis que les barbares apprenaient le nouveau mode de vie, les nouveaux métiers, les nouvelles techniques, et parfois les perfectionnaient. Si bien qu'on ne savait plus très bien où étaient les limites de l'Empire. Ces nouvelles villes se rattachaient parfois à l'administration de l'Empire, par commodité ; parfois, elles avaient acquis leur autonomie ou bien se réclamaient encore du nom des vieilles tribus d'antan. Les dieux aussi s'y mélangeaient, et chacun faisait son choix dans les divinités qui lui paraissaient les plus utiles.

Toujours est-il qu'il n'y avait plus de guerres, et donc plus d'esclaves nouveaux. En outre, avec la prospérité de l'Empire, des mouvements de pensée avaient réclamé un meilleur traitement pour les esclaves. Les chrétiens, une secte juive particulière dont le premier chef s'était appelé Christus, prétendaient que tous les hommes étaient frères et sœurs. Pourtant, cette secte particulière s'était illustrée par son intolérance. Elle prétendait que son dieu était le seul, et le seul vrai. Si quelques empereurs, comme le célèbre Constantin, avaient été attirés par eux et par l'idée que le souverain de Rome régnerait aussi sur toute cette église, très bien organisée, leur intolérance avait peu à peu discrédité les chrétiens, qui restaient minoritaires, mais tolérés. Il était arrivé la même chose à une autre secte juive, conduite en Arabie par un prophète appelé Mahometus, qui se réclamait aussi de Christus et d'autres prophètes juifs : la prétention de ses disciples à détenir la seule vérité, avec un dieu unique appelé à régner sur le monde, n'avait guère dépassé le désert arabique. D'Antioche à Alexandrie, cette prétention avait fait rire dans tout l'Orient des populations habituées à la multiplicité des dieux et de leurs usages – n'avait-on pas inventé Sérapis, le dieu guérisseur, en mélangeant par précaution l'Osiris et l'Apis des Égyptiens, avec l'Hadès, le Dionysos et l'Asclépios des Grecs ?

Beaucoup de chrétiens avaient d'ailleurs, avec le temps, mis de l'eau dans leur vin en récupérant les dieux locaux quand ils étaient très populaires, et en leur vouant un culte particulier sous le nom de « saints », ce qui ne dérangeait personne. Ils montraient dans leurs temples, ou églises, des morceaux d'os qui leur auraient appartenu ; la mort semblait obséder les chrétiens, et leurs temples étaient remplis d'images montrant leur Christus ou leurs saints torturés ou tués. Mais leur idée de « fraternité » était restée dans beaucoup d'esprits. Et elle n'était pas très éloignée de celle que prônaient certains philosophes grecs, de la démocratie de certaines cités grecques ou des premiers temps de Rome, qui restaient une référence dans l'esprit de beaucoup. On rappelait que le philosophe Aristote, il y a très longtemps, avait écrit dans son traité sur La Politique *: « Si les navettes tissaient d'elles-mêmes et les plectres jouaient tout seuls de la cithare, alors les ingénieurs n'auraient pas besoin d'exécutants ni les maîtres d'esclaves. »*

Révolutions industrieuses

Les machines, précisément. Les ingénieurs grecs et romains y travaillaient depuis longtemps. Déjà l'architecte Vitruve, il y a mille ans, avait décrit les machines qui permettaient de lancer des projectiles et d'assiéger des villes, de lever de lourdes charges, de mesurer le temps avec de l'eau ou de mesurer les distances, d'élever l'eau en hauteur avec une grande vis ou bien avec des roues à aube. Sans parler du vieil Archimède et de ses machines merveilleuses. C'est à lui, ou à Posidonios de Rhodes, l'ami de Cicéron, que l'on attribue cette machine (dite d'Anticythère) déjà si complexe à l'époque, avec ses engrenages et sa trentaine de fines roues dentées, capable de prédire les éclipses. À partir de ce savoir ancien, on pouvait maintenant construire des machines à calculer de plus en plus complexes. Ces calculs ont été précieux pour concevoir les nouvelles machines à vapeur. Il a fallu en effet inventer des fers de plus en plus solides et résistants, dont on pouvait tirer de grandes plaques. La qualité du feu, depuis l'époque de Héron d'Alexandrie, qui n'utilisait que du bois, a été bien améliorée lorsqu'on a remplacé le charbon de bois par le charbon de terre, des pierres noires que l'on extrait des profondeurs du sol, notamment chez les Belges. Des voyageurs affirment que les Chinois Han, dans leur immense Empire à l'autre bout de la terre, font de même pour le feu de leurs forges.

Les Gaulois fauchaient le blé, dans les grandes plaines du nord, à l'aide d'un char muni de dents métalliques, qu'un bœuf poussait devant lui. Les roues sont maintenant entraînées par une petite machine à vapeur, et le bœuf est devenu inutile. Il faut toutefois faire attention aux grandes chaleurs, car les flammèches tombées de la machine risquent d'incendier le champ. Les roues à aubes utilisées jadis pour la circulation de l'eau ont été adaptées sur des galères, où de grosses machines à vapeur les animent, au moins aussi vite, et en tout cas plus sûrement, que des galériens. Montées sur les chars, les machines ont donné de bons résultats. Il y a cependant deux problèmes : les chevaux qui tirent les chars et charrettes ordinaires sont effrayés quand ils croisent ces chars à vapeur, et versent facilement dans le fossé ; et surtout, malgré un entretien soigneux, les pavés des voies romaines, même avec des roues renforcées de fer, rendent les machines instables dès qu'elles prennent de la vitesse. C'est pourquoi on a eu l'idée *de les faire rouler sur des voies spéciales, où les roues des machines sont guidées le long de poutres continues de bois renforcées de plaques de fer. Le système est encore un peu expérimental, et c'est celui que l'on inaugure aujourd'hui à Lutetia. Mais il paraît prometteur. Peu à peu, la circulation des marchandises, mais aussi des voyageurs, va s'en trouver grandement facilitée dans tout l'Empire.*

Ces progrès techniques continus, et la richesse commune qu'ils ont apportée dans tout l'Empire, ont été la preuve de la supériorité de la raison grecque et romaine sur les superstitions des autres peuples et des autres religions. La beauté des œuvres d'art, temples, palais, peintures et sculptures en est une autre illustration. Bien sûr, pour des événements particuliers, la réussite à un examen ou bien le succès d'une déclaration d'amour, on continuait à offrir aux dieux menus présents ou menues monnaies. Mais c'était plutôt une manière de se rassurer. Sinon, les autres religions, comme celle des chrétiens, avec leurs miracles douteux, leurs peurs de l'Enfer, leur soumission absolue à l'autorité de leurs prêtres, leurs croyances irrationnelles, restaient en marge et n'étaient pratiquées que par des esprits faibles ou tourmentés. Et l'empereur ? On continuait certes à lui vouer un culte dans tout l'Empire, dont il personnifiait en quelque sorte l'unité et la prospérité. Mais il y avait longtemps que les ligues de marchands, les maîtres des forges et des ateliers, ou encore les riches prêteurs d'argent détenaient le vrai pouvoir, tandis que sénateurs ou chevaliers n'en étaient plus que les exécutants.

Tout n'était pas complètement rose. La construction de ces machines, leur fonctionnement et leur entretien, tout comme les mines pour le fer et le charbon de terre, sans compter toutes les autres activités, demandaient une main-d'œuvre très nombreuse. Mais on en avait été vite convaincu : libres, ces ouvriers travaillaient beaucoup mieux que les esclaves d'antan. On n'avait pas besoin de les menacer ou de les fouetter, puisqu'ils devaient mériter leur salaire afin de nourrir leurs familles. Mais du coup, certains avaient commencé à penser par eux-mêmes, à revendiquer des salaires plus élevés, et parfois même à refuser massivement de travailler. Les livres d'un certain Marxus, qui prétendait que, sans les ouvriers et les paysans, l'Empire s'effondrerait et que ses richesses devaient être mieux partagées, circulaient sous les toges. Aux lettrés qui invoquaient l'exemple des « démocraties » grecques, un millénaire et demi plus tôt, on pouvait certes rétorquer qu'elles n'avaient duré que quelques dizaines d'années et n'avaient concerné que le dixième à peine des habitants de ces cités, excluant les femmes, les esclaves et les étrangers métèques. Mais d'autres évoquaient aussi les Gracques, ces réformateurs de Rome, un millénaire plus tôt, qui avaient souhaité atténuer la pauvreté en redistribuant les terres, et que les sénateurs avaient fait mettre à mort. On s'interrogeait même sur la sujétion naturelle des femmes, soumises de tout temps à l'autorité de leurs maris ou de leurs pères, ce que quelques-unes, lettrées elles aussi, prétendaient remettre en cause.

Aussi, les plus pessimistes se demandaient si, à défaut d'ennemis barbares extérieurs, l'Empire ne risquait pas un jour d'être mis en péril depuis l'intérieur. Fallait-il sévir ou bien trouver des accommodements ? Le sort de l'Empire était peut-être en jeu...

La chance médiévale
de la Pax Sinica

Il y avait aussi sur cette Terre, depuis plus de 3 000 ans, un autre empire très puissant, celui qu'on appelle de la Chine ou des Han. Il avait survécu à bien des vicissitudes. Après quelques siècles d'éclipse où il avait subi les coups de petits royaumes arrogants de l'extrême occident de l'Eurasie, il s'était rapidement redressé au début du IIIe millénaire de l'ère terrestre commune, pour dominer à nouveau une bonne partie du monde. Toutefois, quelques siècles auparavant, il aurait pu connaître une tout autre voie, si les empereurs Ming avaient préféré l'expansion au repli. C'est cette autre histoire que raconte une ancienne chronique, dont l'authenticité est cependant discutée :

Paris, place de la Concorde – ou plutôt place de Grève – 1er avril 1432 du calendrier chrétien julien ; place de la Céleste Concorde et de la Vertu Universelle, l'an 1123 du calendrier bouddhiste...
Il y avait déjà plusieurs années que les longues jonques multicolores du grand amiral Zheng He avaient lentement remonté la Seine, provoquant effroi ou admiration chez les riverains assemblés. Lorsqu'elles étaient apparues au large de l'estuaire, certains avaient cru à des démons et des prêtres avaient tenté de les conjurer et de les faire disparaître. Des soldats téméraires avaient lancé des flèches et des carreaux d'arbalète contre les hautes proues. Mais quelques tirs de puissantes bombardes, bien plus précises et redoutables que celles des Anglais à Crécy, avaient rapidement fait taire ces imprudents, et définitivement découragé les

autres. Lorsque Zheng He avait débarqué à Paris avec toute sa suite aux vêtements de soie incroyablement fins et chatoyants, porteuse de présents dont de merveilleux objets de métal et des poteries sans pareilles, il avait fallu d'abord trouver des interprètes. On avait appris peu à peu que Zheng He était l'un des amiraux de l'empereur de la Chine, mandé par lui, mais aussi qu'il était de religion mahométane. Parmi sa suite, il y avait des Juifs, installés de longue date en Chine de par les routes des caravanes. Il n'y avait en principe plus de Juifs en France depuis que Charles VI, le roi fou, les avait définitivement chassés du royaume en l'an de grâce 1394, en leur confisquant tous leurs biens ; de toute manière, beaucoup avaient été massacrés une génération auparavant, au moment de la Peste noire dont on les avait accusés. Quelques-uns s'étaient convertis, ce qui ne leur évitait pas les maltraitances et les soupçons constants. On alla en extraire quelques-uns de leur misérable logis, afin qu'ils établissent le lien avec leurs anciens coreligionnaires chinois. Ainsi put-on communiquer.

Plus on tâchait de répondre aux questions de Zheng He et de sa suite, plus ce dernier paraissait surpris, déçu, et parfois désemparé. Malgré la courtoisie impassible de son visage, on comprit assez vite qu'il trouvait la capitale du royaume et ses rues d'une repoussante saleté, et ses habitants fort malodorants et de bien peu de manières. Il ne parvenait pas à comprendre qui régnait sur ce royaume, car on lui expliquait que c'était, selon les hasards des guerres, un nommé Charles VII, qui se terrait quelque part, ou bien un nommé Henri VI, un nourrisson qui habitait de l'autre côté de la mer, que personne n'était d'accord, que la mère du premier semblait défendre les intérêts du second, que l'on parlait d'Armagnacs et de Bourguignons qui portaient le nom de provinces dont ils n'étaient pas originaires et qui s'entretuaient au nom de l'un ou l'autre des rois absents. Certes, cela lui rappelait un peu cette période lointaine de l'histoire de la Chine, vieille de plus d'un millénaire et demi et que les lettrés appelaient celle « des Royaumes Combattants ». Mais justement, l'Empire du Milieu était sorti depuis bien longtemps d'une telle barbarie. Zheng He demanda si la situation était différente dans les autres royaumes plus à l'est, ou au nord, ou au sud, et on lui répondit que c'était à peu près la même chose.

Il avait d'ailleurs appris avec douleur, en longeant les côtes de l'Espagne et du Portugal, que les Mahométans, qui y étaient établis depuis des siècles, avaient été pourchassés au point de ne plus occuper qu'un petit territoire méridional, qu'ils tentaient à grand-peine de préserver. S'étant renseigné sur les dieux tutélaires de ce royaume dit de France, on lui expliqua qu'il n'y en avait qu'un seul, mais qu'il pouvait prendre trois formes, et qu'il avait une épouse, pourtant vierge en permanence. Et quand il demanda à visiter les temples, il vit de nombreuses statues de dieux et de déesses ; mais on lui affirma que s'ils pouvaient accomplir des actions miraculeuses, ils n'étaient pas vraiment des dieux, ni des démons d'ailleurs ; et beaucoup étaient représentés en train de subir des tortures. On lui apprit qu'il y avait toute une hiérarchie de prêtres, avec un chef suprême, le « pape », mais qu'il y avait parfois plusieurs « papes » en même temps, chacun déclarant l'autre non valide. Il n'y en avait actuellement plus qu'un seul à la fois, dans la ville de Rome, mais il y avait visiblement beaucoup à dire sur les conduites morales de ces « papes » à cette époque.

Des barbares affligeants

Cependant, c'était surtout l'état rudimentaire de bien des instruments et techniques qui le frappait. Ces barbares ignoraient presque complètement l'usage du charbon noir que l'on trouve au fond de la terre, pourtant utilisé depuis longtemps en Chine, et qui donne des feux très puissants. Leurs canons étaient médiocres. Le riz était inconnu, et les récoltes de blé souvent aléatoires. Il est vrai, lui disait-on, que les hivers étaient beaucoup plus froids et les pluies beaucoup plus abondantes depuis quelques générations, provoquant mauvaises récoltes et famines. En outre, plusieurs épidémies de peste avaient ravagé toute l'Europe depuis trois quarts de siècle, et l'on disait qu'entre la moitié et les deux tiers de ses habitants avaient été emportés. D'où l'état lamentable des campagnes, que parcouraient les bandes armées des divers partis. Zheng He apprit qu'une partie des paysans étaient des sortes d'esclaves, les « serfs », et qu'il y avait même dans certaines parties de l'Europe de véritables esclaves, contrairement pourtant aux enseignements de leurs prêtres.

L'irrigation des champs semblait à peine connue, et les canaux artificiels étaient rudimentaires : nulle écluse, alors qu'en Chine, on en confectionnait depuis longtemps. D'ailleurs, la plupart des progrès techniques dont se vantaient ces barbares étaient récents et avaient visiblement été empruntés, copiés ou volés à la Chine, probablement par des marchands. Ainsi la boussole, qui équipait maintenant certains de leurs navires, d'ailleurs de petite taille, les « caravelles » dont ils semblaient très fiers ; ou leurs gouvernails articulés, ou encore leurs bouches à feu ; ou le ver à soie, qu'ils avaient réussi à dérober, malgré toutes les précautions. Ils essayaient aussi de copier l'imprimerie, mais en creusant malhabilement de grandes plaques de bois d'un seul tenant.

Dans le pays appelé « Allemagne » un roi se proclamait le successeur d'un ancien empire, disparu il y a près de mille ans et qu'ils appelaient « romain », mais ce roi régnait en fait sur une poussière de seigneurs, souvent en guerre les *uns contre les autres. Et cela semblait être le cas un peu partout en Europe, à l'exemple de la France. Nul sage empereur mandataire du Ciel et régnant sur un seul empire unifié – l'Europe de ces barbares n'est pas plus grande que la Chine – mais des guerres incessantes entre tous ces « seigneurs de la guerre », contrôlant des bouts de territoires de toutes les tailles, au mépris de toute raison. Et ce n'était pas ce pape, si peu respecté, qui aurait pu y mettre un peu d'ordre. En tâchant de discuter avec les lettrés de Paris, qui enseignaient dans un lieu nommé « Sorbonne », Zheng He et les lettrés chinois n'éprouvèrent nul plaisir : ce n'était que ratiocinations filandreuses qui ne débouchaient sur rien, et surtout pas sur une vie vertueuse et juste, comme on pouvait si bien l'apprendre au contact des livres des maîtres chinois.*

Et vint la *Pax Sinica*

Zheng He était reparti, puis revenu l'année suivante avec une flotte plus nombreuse. Et les expéditions s'étaient ensuite multipliées. Ils devaient faire au début tout le tour de l'Afrique, ce qu'aucun navire européen, pas même portugais, n'était encore parvenu à accomplir malgré leurs caravelles, mais les Chinois parlaient de remettre en état le vieux canal construit jadis par le roi perse Darius, et que les Arabes avaient détruit il y a plus de six siècles pour assurer leur sécurité. De fait, en tant que mahométan, Zheng He conclut assez vite avec les Barbaresques établis tout autour de la Méditerranée, et en particulier ceux qui cernaient la grande ville de Byzance et occupaient déjà tout le sud-est de l'Europe, des accords commerciaux et de paix, échangeant leurs savoirs et leurs marchandises. Cela facilita grandement le travail des marchands chinois vers l'Europe. Ces barbares étaient particulièrement friands des belles poteries chinoises, des soies brodées, des armes à feu, et aussi des épices qui venaient de Chine et d'Inde. Leur sol manquait cruellement de métaux précieux. En échange, ils n'avaient pas grand-chose à offrir, mais au moins des monnaies, qui permettaient d'acquérir d'autres denrées.

Les marchands chinois, aidés par les navires de guerre de l'Empire, obtinrent peu à peu des comptoirs fixes le long des côtes de l'Atlantique et de la Méditerranée. Des marchands indigènes barbares leur servaient d'intermédiaires. Ces intermédiaires, quand ils avaient l'esprit un peu vif, commencèrent à s'intéresser à l'enseignement des maîtres chinois, qui était d'ailleurs fort varié, selon que l'on se réclamait du grand Maître Kong (Kong Fuzi ou Confucius), ou bien de Lao Tseu et de son Tao Te King, ou encore du Bouddha. Leurs sages préceptes étaient tournés vers la droiture et l'harmonie de la vie, vers la noblesse de cœur, la paix et le bon gouvernement. On traduisit peu à peu dans ces langues barbares les maîtres livres qui circulaient de plus en plus et mettaient cruellement en évidence les piètres exemples que donnaient leurs prêtres, ou encore leurs seigneurs et leurs rois se réclamant de leur dieu unique. Peu à peu, leurs temples se vidaient de leurs fidèles [...].

De si grandes découvertes ?

Il y eut, peu de temps après, deux autres arrogants royaumes d'Eurasie occidentale, celui dit de l'Espagne et celui dit du Portugal, qui prétendirent à la conquête du monde. Ils affirmèrent même « découvrir » des continents entiers, lesquels s'étaient fort bien portés avant qu'on les découvre, et ils envoyaient vers ces terres des aventuriers plus ou moins recommandables. Les Espagnols, vers l'ouest, affrontèrent les puissants Empires des Aztèques et des Incas. À l'est, les Portugais firent de même avec l'Empire des Chinois et celui des Japonais. Si les Européens possédaient des armes à feu, il est vrai inspirées de celles des Chinois, ils étaient peu nombreux face à ces civilisations riches et cultivées, aux arts raffinés. On pouvait raisonnablement penser que quelques navires et quelques soldats sans foi ni loi auraient peu de chance de réussite. Il semble d'ailleurs que les choses se soient ainsi passées :

Mexico-Tenochtitlan, 14 septembre 1515 – 11.14.15.2.14 du calendrier maya, soit le 11 baktun, 14 katun, 15 tun, 2 wuinal, 14 kin...

L'empereur des Aztèques, Motecuzōma Xocoyotzin, était inquiet, très inquiet. Celui que les chroniqueurs blancs appelleront aussi, pour faire court, Moctezuma II, connaissait les prophéties. Un jour, Quetzalcoatl, le grand dieu Serpent à plumes qui avait créé jadis les hommes de l'humanité actuelle en versant le sang de son sexe sur des ossements anciens, reviendrait, traversant la mer de l'Orient. Il aborderait sur un rivage, pour rejoindre les temples de la capitale Tenochtitlan, et le plus grand de tous, celui du dieu des Aztèques, Huitzilopochtli. Les prêtres s'affairaient autour de l'empereur, réclamant toujours plus de sacrifices humains, de prisonniers qu'il fallait aller chercher par des « guerres fleuries » chez les peuples voisins, soumis ou non, les Tlaxcaltèques, les P'urhépechas (qu'on appellera aussi les Tarasques), les Totonaques, les Otomis (qui s'appelaient eux-mêmes N'Yuhu)...
La prophétie se faisait de plus en plus précise. Il y avait déjà plus de vingt ans que des guerriers blancs et barbus, sur de grands vaisseaux, hantaient plusieurs des îles de l'Orient et sillonnaient le grand golfe. Les récits, inquiétants, se multi-

pliaient, vrais ou faux. Plusieurs îles, petites ou grandes, où vivaient les sauvages Taïnos et Arawaks, avaient déjà été envahies, et les habitants tués ou réduits en esclavage. Une maladie inconnue ravageait aussi ces îles, apportée par les guerriers à la peau blanche : le corps se couvrait de pustules rougeâtres, et l'on mourait bientôt, emporté par la fièvre. Ces guerriers avaient le corps protégé par des habits de métal brillant. Ils n'avaient pas d'arcs ni de flèches empoisonnées, mais des sarbacanes de métal qui grondaient comme le tonnerre et foudroyaient les adversaires, déchiquetant leurs chairs. L'un des vaisseaux avait fait naufrage il y a quatre ans sur une côte de la presqu'île des Mayas et deux guerriers à la peau blanche, dénommés Aguilar et Guerrero, étaient restés là-bas, l'un comme esclave mais l'autre bientôt devenu noble.

Était-ce vraiment là l'armée de Quetzalcoatl, et la venue du dieu était-elle si proche ? Tous les récits et les présages étaient fort mauvais. Fallait-il aller à la rencontre du dieu et l'apaiser par des présents, se soumettre et implorer sa clémence ? Ou bien fallait-il combattre les guerriers, qui présentement ravageaient les îles du grand golfe ? Fallait-il croire les prêtres ?

S'unir ou s'anéantir ?

Mais une délégation du Conseil des nobles de Tlaxcala venait de s'annoncer, profitant d'une trêve avec la puissante Triple Alliance (« Excan Tlatoloyan ») des Aztèques. Ils ne proposaient pas une nouvelle « guerre fleurie » pour mesurer la puissance de chaque cité, ou plus exactement la puissance des dieux de chaque cité. Mieux renseignés sur les guerriers à la peau blanche, et semble-t-il plus inquiets encore, ils proposaient au contraire aux Aztèques de s'unir, et de réunir tous les peuples alentour, d'un océan à l'autre, pour leur résister. Les nobles Aztèques et les prêtres étaient partagés. N'était-il pas dangereux de s'opposer à des dieux, ou à des serviteurs des dieux ?

Mais il y avait des esprits pratiques dans la délégation tlaxcaltèque. Certains même avaient rencontré Aguilar et Guerrero, tandis que d'autres, de première ou de seconde main, s'étaient informés sur les guerriers qui sévissaient dans les îles du golfe. N'étaient la couleur pâle de leur peau et leurs poils plus fournis, ils n'avaient rien de bien divin. Certes, leurs sarbacanes semblaient redoutables et foudroyaient de loin, mais ce n'étaient que des sarbacanes. Elles étaient d'ailleurs d'un maniement assez lent, bien plus lent que celui d'un arc, et entre deux détonations, des archers résolus avaient le temps de tirer de nombreuses flèches empoisonnées. La capture habile de quelques-uns de ces guerriers, par l'attaque d'un bateau ou d'un de leurs camps, permettrait certainement d'en savoir beaucoup plus, ne serait-ce que par la torture, sur ces sarbacanes de métal, voire d'apprendre un jour à en fabriquer de semblables.

Il y avait aussi ces grands animaux inconnus, si forts qu'ils pouvaient porter des guerriers ou tirer des charges, et capables de galoper longuement. Certes, l'Empire des Incas, plus au sud, avait aussi des animaux comparables, les lamas ; mais ces derniers, s'ils portaient des fardeaux, n'étaient pas assez robustes pour supporter des hommes. Il serait donc important de se procurer ces nouveaux animaux qui, d'après les témoignages, paraissaient assez dociles.

Restait la mystérieuse maladie rouge. Rien de tel, de mémoire d'ancêtres, n'avait jamais fait mourir personne chez les Aztèques, les Tlaxcaltèques, leurs voisins, ou aussi loin que des peuples soient connus. La maladie ne semblait presque pas affecter les guerriers blancs, mais elle ravageait depuis vingt ans les sauvages des îles, qui disparaissaient en masse. C'était une raison suffisante pour ne pas laisser débarquer les guerriers blancs mais pour les tuer dès qu'ils descendraient de leurs bateaux, et pour détruire leurs embarcations. Mais n'était-ce pas là le signe de pouvoirs divins ? Il se disait pourtant que sur l'une des îles, des chamans sauvages s'étaient essayés à soigner le mal par le mal : en enduisant les gens de leur tribu d'une décoction qui contenait le pus dilué des pustules d'un malade, et en prononçant bien sûr des incantations bienfaisantes, la maladie rouge n'en toucherait que beaucoup moins (on apprendrait plus tard que, au même moment et de l'autre côté de l'océan de l'Ouest, des médecins chinois observateurs avaient fait la même découverte). Les prêtres aztèques étaient méfiants : pouvait-on faire confiance à ces sauvages, à leurs pratiques étranges et à leurs dieux bizarres ? Ne valait-il pas mieux sacrifier un peu plus de prisonniers ? Mais certains nobles tlaxcaltèques proposaient d'essayer cette pratique sur leurs sujets, voire sur euxmêmes, si d'aventure la maladie rouge sortait des îles pour toucher le continent.

L'empereur Motecuzōma Xocoyotzin et plusieurs des nobles aztèques étaient ébranlés. Ceux qui avaient approché Aguilar et Guerrero au pays des Mayas n'avaient vu en eux que des humains très ordinaires. D'ailleurs l'épouse noble maya de Guerrero avait mis au monde un enfant tout à fait banal. Si ces êtres blancs étaient vraiment des dieux, ou les serviteurs d'un dieu, Motecuzōma Xocoyotzin n'avait de toute façon rien à se reprocher : Quetzalcoatl saurait reconnaître sa grandeur et comprendrait la méfiance légitime qui avait animé les Aztèques au premier abord ; et l'empereur saurait l'apaiser par nombre de présents et de sacrifices. En revanche, s'il s'agissait d'envahisseurs bien humains, l'Empire aztèque risquait de disparaître s'il ne prenait pas les bonnes mesures de résistance. Et les débats *en cours offraient plusieurs pistes prometteuses. Mais il fallait se hâter.*

Le danger vient de la mer

Les Tlaxcaltèques, en échange d'une alliance durable et franche, proposèrent aussi que l'on prenne contact avec le lointain mais très puissant Empire des Incas, qui s'étendait depuis peu au sud, tout au long de l'océan de l'Ouest. Une délégation devrait rencontrer son empereur, Huayna Capac, qui régnait à Cuzco au milieu des hautes montagnes. Il fallait faire front, échanger les informations, éviter que des peuples rebelles ne se rallient aux envahisseurs – pour cela, il fallait, au moins pour un temps, suspendre les guerres, « fleuries » ou non. Vers le nord, les vastes cités qui s'échelonnaient le long du fleuve Mississippi n'étaient plus que l'ombre d'elles-mêmes, et certaines étaient entièrement dépeuplées. Mais il était nécessaire d'informer également ces peuplades des intentions malveillantes des guerriers barbus et de leurs armes redoutables.

Ainsi se mirent en place, en quelques mois, les mesures qui avaient été décidées. Des délégations ne cessèrent de resserrer les liens entre les peuples traditionnellement ennemis. Des guetteurs furent placés le long des côtes. Aussi, deux ans plus tard, trois navires commandés par un nommé Cordoba furent repoussés par les Mayas. Plus au sud, dans l'isthme très étroit par où passait la route vers le lointain empire des Incas, un petit établissement des envahisseurs s'était installé quelques années plus tôt dans un lieu qu'ils avaient eux-mêmes appelé Santa María de Belem. Mais leur chef, un nommé Bartolomé, frère de Colombo, l'un de leurs navigateurs, s'était si mal conduit que toute la troupe avait été priée de rembarquer au plus vite. Un autre groupe, il y a juste cinq années, s'était présenté à son tour, en affirmant de meilleures intentions. Leur chef, un nommé

Vasco Núñez de Balboa, avait à son tour construit avec ses hommes un nouveau village qu'ils avaient appelé Santa María la Antigua del Darién (il semblait que tous leurs villages devaient s'appeler Santa Maria de quelque chose...). Cette fois, il s'était efforcé d'avoir de meilleures relations avec les sauvages locaux, les Kunas, et avait même pu obtenir d'eux un peu d'or contre ses marchandises. Ces étrangers semblaient en effet très friands d'or et, s'ils restaient en petit nombre et près de la mer, ce pouvait aussi être un moyen d'obtenir d'eux des objets intéressants, et peut-être ces fameuses sarbacanes de métal.

Des brigands nommés Cortès et Pizarro

La veille des Aztèques continuait sur les côtes et, comme convenu, des espions se rendaient en canoë dans les îles de l'est pour s'informer de la situation. Les maladies et les mauvais traitements continuaient de s'abattre sur les sauvages, qui tentaient souvent de se révolter. Dans l'île la plus grande et la plus proche, appelée Cuba, on apprit qu'un nommé Hernán Cortés préparait une flotte de plus de dix navires, avec près d'un millier d'hommes, guerriers, marins et esclaves. Ses rapports étaient néanmoins mauvais avec le grand chef de l'île, un nommé Diego Velázquez de Cuéllar, qui l'avait déjà fait mettre en prison et était très réticent à le laisser partir avec sa flotte.

Ce Cortés partit finalement en catastrophe et, au mois de février [1519], débarqua sur l'île sacrée de Cozumel, la « Terre des Hirondelles », l'île de la déesse maya de la Lune, Ix Chel, qui apporte la fertilité aux femmes. Cortés y détruisit les temples et les statues des dieux et des déesses, massacra et asservit les habitants. C'était désormais clair : il ne pouvait être un dieu ni un serviteur des dieux. Les Aztèques et leurs alliés attendirent son débarquement sur la terre ferme. Une fois les hommes de Cortès descendus à terre, une grêle de flèches les accueillit, et leurs grands animaux effrayés s'échappèrent. Cortés fut tué, le reste de la troupe détala et les esclaves se dispersèrent. Les rares coups de sarbacanes en métal furent très désordonnés, même s'ils tuèrent plusieurs guerriers valeureux. D'autres soldats aztèques montés sur des canoës mirent le feu aux vaisseaux ennemis et ceux qui tentèrent d'en sortir furent massacrés, à l'exception de quelques-uns, destinés à être sacrifiés en remerciement aux dieux. Seul un vaisseau parvint à s'échapper et repartit vers Cuba annoncer la débâcle au chef de l'île, qui entra, dit-on, dans une colère épouvantable, maudit le nom de Cortés et interdit toute nouvelle expédition de qui que ce soit en direction des Aztèques.

Le petit comptoir de Santa María la Antigua del Darién survécut cependant, sous les ordres de Balboa, au plus étroit de l'isthme. Mais les étrangers ne s'entendaient pas entre eux. Des bateaux apportèrent, la même année que la défaite de Cortés, un nouveau chef, qui fit tuer Balboa, fonda un autre village, Panama, sur les rives de l'océan de l'Ouest, et abandonna Santa Maria, que la forêt recouvrit bientôt. C'est pourtant de Panama que partit un autre guerrier, d'ailleurs cousin de Cortés, appelé Francisco Pizarro. Il avait entendu parler de l'or des Incas, et croyait pouvoir, le fou, s'en emparer. Il tenta par deux fois une expédition vers le sud, mais fut arrêté par les indigènes des territoires qu'il voulait traverser. La troisième fois, il emmena près de deux cents hommes et essaya de jouer en vain, comme Cortés avait pensé le faire, sur les rivalités des royaumes vassaux des Incas, au nord de leur empire. Mais avertis des précédents événements, les Incas avaient resserré les liens avec leurs alliés et réduisirent à néant la misérable bande de pillards de ce Pizarro, dont les quelques survivants servirent par leur sacrifice à réjouir les dieux incas.

Ce fut, on le sut plus tard, une grande déception pour l'empereur Charles Quint, qui régnait entre autres sur l'Espagne. Ce pays et le Portugal s'étaient en effet partagé le monde (un monde qui ne leur appartenait nullement !) par le traité de Tordesillas en 1494, lequel modifiait de précédentes bulles papales par trop favorables à l'Espagne. Le « monde » avait été donc réparti de part et d'autre d'un méridien situé arbitrairement à 370 lieues à l'ouest du Cap-Vert, les Portugais se gardant la partie orientale du monde. Mais voilà que ce monde se montrait insuffisamment docile. Il se réduisait pour l'heure à la possession par l'Espagne des îles des Antilles, où il n'y avait presque pas d'or, et de quelques comptoirs sur la côte d'Amérique du Sud. L'expédition tentée par Juan Ponce de Léon avec deux cents hommes dans la péninsule qu'il avait « découverte » et qu'il avait appelée Floride (la « terre fleurie ») échoua face au courage des Indiens calusa. Ponce de Léon mourut de la blessure d'une flèche indienne empoisonnée.

Des dieux ou des marchands ?

Quant à la côte située plus au nord, et jusqu'à la mer prise en glace, Portugais et Espagnols ne s'y aventurèrent pas. Peu à peu, la certitude s'était imposée que ce n'était ni le Japon (Cipango était le nom que lui avait donné Marco Polo, le reprenant des Chinois) ni la Chine. C'est au cours des décennies suivantes que les navigateurs anglais et français y tentèrent de timides explorations, mais en veillant à conserver de bonnes relations avec les différentes tribus de sauvages. Au demeurant, il n'y avait pas grand-chose à tirer de ces territoires. On pouvait au moins échanger avec ces indigènes des fourrures, pour en parer les vêtements de la noblesse européenne. Mais il n'y avait ni or, ni épices, ni soie, ni porcelaines précieuses. Et ces sauvages étaient parfaitement inaptes à tout travail forcé. Ils étaient de plus de redoutables guerriers, maniant l'arc et la hache de guerre avec précision. En revanche, l'océan offrait à l'envi des bancs de poissons fameux, à une époque qui comptait de nombreux jours de jeûne (plus de 130 par an, soit un bon tiers de l'année), que les pêcheurs européens exploitaient plusieurs mois par an. Il n'était guère question d'envoyer sur ces côtes peu favorables des colons en abondance : à l'époque, l'Angleterre ne comptait que 4,5 millions d'habitants.

C'est à peine plus tard, en 1543, que les Portugais arrivèrent en vue du Japon. Ils furent impressionnés par les techniques et l'organisation de la société japonaise. Les Japonais furent nettement moins impressionnés devant ces « Barbares du Sud » (« Nanban ») qui mangeaient avec leurs doigts (et non avec des baguettes), se mouchaient dans leurs manches (et non dans des mouchoirs en papier jetables) et ne savaient même pas lire les caractères écrits. Néanmoins, ils s'intéressèrent à leurs techniques, et entreprirent bientôt d'imiter celles qui leur semblèrent utiles, comme les cuirasses en acier, les arquebuses et les types de navires. Tolérants, ils laissèrent un temps les missionnaires européens, François Xavier en tête, prêcher le christianisme dans l'archipel, avant de se raviser un peu plus tard. Les Portugais n'eurent guère plus de succès avec la Chine.

Il se passait en somme ce qui se passait au même moment sur les côtes des Amériques : commerce limité, et tentatives d'évangélisation. Cette coexistence commerciale et religieuse, en Extrême-Orient, dura trois siècles, avant qu'Anglais et Américains n'entreprennent de forcer le destin à coups de canonnières. Cette arrogance impériale ne dura cependant qu'à peine un siècle et demi. Et en Extrême-Occident...

Allô la Terre ?...

Le contact a été perdu peu après entre les « Terriens » et les sexogrades et leurs explorations. Il semble que la planète dite « Terre » ait alors connu de grandes difficultés. Vers le début du IIIe millénaire de leur ère en effet, les conflits militaires se sont multipliés un peu partout. Il devenait de plus en plus difficile d'y circuler librement. En outre, leur système industriel modifiait de plus en plus leur atmosphère, ce qui agissait jusque sur leur climat et même sur le niveau de leurs mers, ennoyant des contrées entières. Le nombre des Terriens ne cessait de croître et leur production de nourriture était fort mal distribuée. En outre, ils s'ingéniaient à empoisonner leurs aliments en y introduisant des produits qui étaient censés les rendre plus appétissants et de plus grande taille. Ils parlaient à toute occasion d'une précieuse « liberté », alors que cette notion servait surtout de prétexte à priver une grande partie de ces primates de toute alimentation. Ils invoquaient sous le nom de « dieux » des créatures imaginaires et en principe bénéfiques, mais au nom desquelles (ou de laquelle, car souvent il y en avait une beaucoup plus importante que les autres) il fallait absolument assassiner ceux qui n'y croyaient pas.

Bref, les sexogrades étaient fatigués des Terriens. Ils ne menaient leurs investigations galactiques que par plaisir, et il leur fallait donc éprouver pour leurs objets d'étude un minimum de sympathie. Tel n'était pas le sentiment qu'inspiraient ces Terriens, avec leurs comportements irrationnels et irresponsables, leurs moments d'indescriptibles folies meurtrières, leurs « religions » faites de dieux torturés et martyrisés, leur propension à priver leurs semblables des moyens minimaux de survie, leur soif de possession des objets les plus improbables, leur incapacité à communiquer entre eux de manière raisonnable.

Au demeurant, parmi les milliards de galaxies, chacune avec leurs centaines de milliards d'étoiles et leurs éventuelles exoplanètes propices à la vie (une quasi-certitude statistique), il y avait toutes chances de découvrir des êtres beaucoup plus intéressants. Et ce n'est pas le temps qui manquait aux sexogrades…

CHAPITRE 4

L'œil de Caïn

En hommage à Ray Bradbury
et ses Chroniques martiennes.

Frost examina le ciel. Aucun autre luminaire n'éclairait la voûte céleste que l'amas globulaire qui brillait comme un œil solitaire et pailleté d'or. Un gros satellite mordoré venait de franchir la ligne d'horizon.

La navette s'était posée sur une immense étendue plane et légèrement spongieuse. Frost chercha machinalement des yeux les feux du *Galileus*, le grand vaisseau d'exploration en orbite géostationnaire, mais, à cette distance, il n'avait aucune chance de l'apercevoir. Un grondement lointain et régulier ébranlait le silence nocturne. Le vent soufflant en rafales répandait une vague odeur de saumure qui lui rappela ses vacances d'enfant au bord de l'océan Atlantique, les nuits torrides bercées par le murmure des vagues.

« Foutue planète, marmonna-t-il. Elle m'a l'air aussi hospitalière qu'un cul-de-basse-fosse. »

Il se tourna vers Alvare, la jeune femme qui l'accompagnait, responsable scientifique de la mission, spécialiste en exobiologie et terraformation. Une belle femme brune d'ailleurs, qui, les derniers temps du voyage, n'était jamais sortie de sa réserve glaciale, comme si son cerveau et son corps n'étaient pas parvenus à se remettre de la stase cryogénique.

Elle consulta l'écran du petit appareil qu'elle tenait braqué comme une arme de poing.

« Si elle n'était pas viable, nous n'aurions pas pris le risque de sortir sans scaphandre, n'est-ce pas ? Mon analyseur confirme les premières estimations : 78 % d'azote, 20 % de dioxygène, 10 % d'argon, 0,5 % de vapeur d'eau, 0,08 % de gaz carbonique. »

Elle avait aligné les chiffres d'une voix monocorde, très proche des organes synthétiques de bord.

« Sa gravité, 0,9 G, est quasiment identique à celle de la terre, reprit-elle. Cette planète ne nécessite aucune terraformation, au plus quelques ajustements mineurs, elle est riche en eau, son effet de serre me semble idéal pour les cultures, bref, elle me paraît tout à fait propice à la colonisation humaine.

– Vous oubliez son orbite, objecta Frost. Trente-huit de nos jours terrestres, ce qui implique des jours et des nuits de dix-neuf jours. Vous pensez que le métabolisme des colons supportera ce genre de contrainte ?

– Si l'espèce humaine n'avait pas su s'adapter tout au long de son histoire, il y a bien longtemps qu'elle aurait disparu. »

Alvare avait semblé retrouver un semblant de chaleur en prononçant ces mots.

« Je crois plutôt que vos consignes budgétaires vous interdisent de vous préoccuper du bien-être des futurs colons », lâcha Frost sans desserrer les lèvres.

Elle lui lança un regard noir. Le mince espoir qu'il avait caressé de la séduire venait de s'envoler.

« Les planètes immédiatement colonisables sont rarissimes, commandant. » Le ton d'Alvare était devenu tranchant. « Ce n'est pas seulement une question de rentabilité, mais d'urgence. L'état de la Terre ne nous laisse guère le choix.

– Prendre des rats dans une cage pourrie pour les transférer dans une seconde cage pourrie, c'est votre définition de l'urgence ?

– Vous considérez donc vos semblables comme des rats ? »

Frost fit quelques pas sur le sol dont la consistance évoquait le sable mouillé. Lui qui avait toujours voulu naviguer, repousser sans cesse les limites, les siennes et celles de l'humanité, il se demanda ce qu'il fabriquait dans ce coin perdu de la Voie lactée, à 32 000 années-lumière du système solaire. Il n'avait laissé personne sur Terre, ni famille, ni amis, mais, bien que volontaire, cette absence de liens ne l'empêchait pas de ressentir les effets pernicieux de la nostalgie.

« Ne renversez pas les rôles, madame. Ce sont les gouvernants et vous, les scientifiques du programme de colonisation, qui traitez les hommes en animaux de laboratoire. »

Il savait qu'il ne servait à rien d'argumenter, que le rapport de l'exobiologiste, probablement favorable, suffirait aux responsables du programme pour expédier plusieurs millions de colons sur cette Planète. En tant que commandant de vaisseau, son autorité et sa responsabilité se cantonnaient à l'espace.

« Ce que vous pensez importe peu. » Alvare avait de nouveau revêtu son armure glaciale. Elle désigna les hommes de l'escorte qui formaient un cercle d'une trentaine de mètres de diamètre autour d'eux. « J'attends seulement de vous que vous mettiez vos hommes et vos moyens logistiques à notre disposition afin que nous puissions effectuer les prélèvements nécessaires et procéder aux analyses protocolaires avant de rendre notre rapport définitif. »

Frost ravala les mots qui se bousculaient dans sa gorge et se fendit d'une courbette exagérément obséquieuse.

« Il en sera fait selon vos… »

Il entrevit un mouvement dans le lointain, se rendit compte que le deuxième satellite de la planète, un énorme disque jaunâtre, venait de faire son apparition dans le ciel. Nettement plus rapide que son compagnon, il ne lui faudrait pas longtemps pour le rejoindre et passer devant lui. Le sol trembla légèrement sous les pieds de Frost. Un voile d'inquiétude ternit les yeux clairs d'Alvare.

« Une marée, souffla-t-elle. Elle n'est pas due à la seule attraction des satellites, mais plutôt à l'orbite elliptique de la planète.

– Les marées concernent les océans, non ? s'étonna le commandant.

– Elles soulèvent également le sol. » Le sourire d'Alvare était à la fois crispé et condescendant. « Sur Terre, la croûte bouge à chaque grande marée d'une trentaine de centimètres. »

Frost pointa le bras devant lui.

« Et ce mouvement là-bas ?

– L'écume d'une vague probablement. Nous ne devrions pas rester ici. Nous nous sommes posés sur une grève, et j'ignore à quelle vitesse monte l'océan. »

Frost actionna son endomicro.

« Repli immédiat. »

Le sol bougea de nouveau, s'éventra par endroits, formant de larges failles. Les membres de l'escorte convergèrent aussitôt vers la navette. Deux d'entre eux tombèrent dans l'une des crevasses.

« Il faut les sortir de là », glapit Frost.

Un soldat s'approcha avec prudence du bord de la faille. Sa voix hachée résonna dans l'implant auriculaire de Frost.

« Je ne les vois pas. C'est trop profond. »

Le commandant demeura quelques secondes tétanisé, incapable de remettre de l'ordre dans ses pensées, puis, constatant que le sol continuait de se gondoler, il recouvra ses réflexes d'officier et ordonna à ses hommes de se réfugier le plus rapidement possible dans la navette.

Une bouche s'ouvrit devant Alvare, qui parvint à se jeter en arrière pour éviter la chute. En dépit de la pénombre, Frost discerna la lanière sombre qui s'enroulait autour de la cheville de la jeune femme et la tractait vers la faille. Elle poussa un hurlement et laboura le sol meuble de ses doigts sans parvenir à enrayer sa glissade. Frost se précipita vers elle tout en dégainant son arme. D'autres lanières sombres jaillirent de la crevasse et s'agitèrent devant lui.

Des tentacules.

Une créature des profondeurs exploitait les béances de la croûte planétaire pour chasser à la surface. Il pressa la détente en continu et arrosa les tentacules d'ondes à haute tension. Certains d'entre eux furent tranchés net tandis que les autres refluaient à l'intérieur de la faille.

Alvare, livide, se releva sans oublier de récupérer l'extrémité sectionnée d'un tentacule.

« Qu'est-ce que c'était ? balbutia-t-elle.

– Une danse de bienvenue des autochtones, sans doute. Lâchez immédiatement ce que vous venez de ramasser. Pas question d'importer des germes inconnus dans le milieu confiné du vaisseau. »

L'exobiologiste s'exécuta avec une grimace de dépit. Le tentacule avait transpercé ses chaussures montantes et imprimé une marque noire sur sa peau. Frost l'aida à franchir les derniers mètres qui les séparaient de la navette, puis il se posta au pied de la passerelle jusqu'à ce que ses hommes eussent embarqué.

L'appareil décolla dans un long rugissement et prit rapidement de l'altitude. Vu d'en haut, le sol ressemblait à un gigantesque puzzle aux pièces mal emboîtées et l'océan à une immense bouche noire striée de lignes blêmes.

Laissant au programmateur le soin de calculer la trajectoire, Frost sortit de la cabine de pilotage, s'assit aux côtés d'Alvare et attacha sa ceinture. Les effets de l'apesanteur et la suroxygénation commençaient à se faire sentir.

« Vous persistez à penser que cette planète est accueillante, madame ?

– Laissez-moi soigner cette blessure avant de vous répondre. En apesanteur, je risque de ne pas y arriver. »

Elle versa quelques gouttes d'un liquide antiseptique sur la plaie qui ressemblait à une brûlure, puis elle se redressa et ficha ses yeux dans ceux de Frost.

« Vous croyez que la nôtre l'est ?

– Notre bonne vieille Terre ? » L'officier fronça les sourcils. « Elle est ce qu'elle est, mais c'est la nôtre, nous y sommes habitués.

– Alors les hommes s'habitueront également à celle-ci. Encore une fois, nous ouvrons à la colonisation tous les mondes dont les conditions sont propices au développement d'une souche humaine. »

L'intuition de Frost lui soufflait que cette planète ne se laisserait pas aussi facilement apprivoiser qu'Alvare avait l'air de le penser, mais il ne lui servirait à rien d'argumenter. Les exobiologistes ne juraient que par la rentabilité immédiate. Leur obsession : découvrir des mondes qui ne nécessitaient pas de terraformation, une opération lourde, longue, coûteuse, aux résultats incertains.

« Comment l'appelleriez-vous ? » reprit-elle.

Elle avait légèrement décollé de son siège. La ceinture commençait à se tendre pour empêcher son corps de flotter.

« Ce foutu monde ? grogna Frost. Je ne sais pas, moi... Pourquoi pas Caïn ?

– Caïn ?

– À cause de l'amas stellaire qui brille au milieu du ciel et semble la surveiller en permanence comme un œil. »

Elle le fixa d'un air étonné.

« Qui est Caïn ?

– L'un des ancêtres de l'humanité selon un vieux livre.

– Pourquoi aurait-il été surveillé par un œil ?

– Parce qu'il avait... » Frost décida de ne pas lui raconter la véritable histoire de Caïn. Donner à ce monde le nom du premier criminel symbolique de l'humanité était pour lui une façon détournée d'exprimer son désaccord, d'avertir les futurs candidats à la colonisation que cette planète ne serait pas l'eldorado présenté par les responsables du programme de conquête spatiale. « Parce qu'il souhaitait que son Créateur n'ignore rien de sa vie, reprit-il. Il a, en quelque sorte, inventé la transparence. »

Alvare hocha la tête avec un sourire satisfait.

« L'idée me plaît, commandant. Va pour Caïn. » Elle posa la main sur son avant-bras. « Au fait, merci de m'avoir sauvé la vie.

– Fasse le ciel que je n'aie jamais à le regretter. »

La navette accéléra encore et fila à pleine vitesse en direction des coordonnées orbitales du *Galileus*.

« Ici, ça me paraît bien. »

Esaö désignait la vaste étendue sombre qui bordait l'océan. D'un côté, les vagues déferlaient sur la grève luisante en tirant derrière elles des voiles blanchâtres ; de l'autre, se dressait une barrière montagneuse d'où dévalaient des sources garanties potables par l'administration provisoire de Caïn.

La nuit étant tombée depuis dix-sept jours terrestres selon la montre calendaire d'Esaö, il faudrait attendre encore l'équivalent de deux jours pour que l'aurore consente à se lever. Dans le *Bracceus*, le vaisseau de colonisation qui les avait déposés sur Caïn, on avait expliqué aux 50 000 colons de la première vague que leur métabolisme finirait par s'habituer aux nycthé-

mères de leur planète. La perturbation des cycles veille/
sommeil engendrait pour le moment une fatigue intense
et une léthargie désagréable.

Esaö se demandait s'il avait bien fait d'entraîner les
siens dans l'aventure. Les conditions de la vie sur Terre
étaient certes devenues difficiles, voire impossibles, mais
il aurait pu attendre les troisième ou quatrième départs
et le développement des premières infrastructures sur le
nouveau monde. Ils avaient passé l'essentiel de leur
voyage en stase cryo. Même si les grands vaisseaux
empruntaient les ponts quantiques qui leur permettaient
de franchir des distances phénoménales, le trajet leur
avait pris une quinzaine d'années terrestres pour parcou-
rir les 32 000 années-lumière qui séparaient Caïn du système des origines. Grâce à la stase cryo, les passagers du
Bracceus avaient vieilli seulement de six mois. Le réveil,
bien que désagréable, n'avait provoqué aucun autre
désordre organique que des vertiges, des nausées et des
vomissements.

Esaö descendit du chariot immobile et, escorté de
son épouse et de ses cinq enfants, se dirigea vers les chariots suivants. Le sol légèrement spongieux s'enfonçait
sous les semelles de ses bottes. Les générateurs à radio-
isotope des véhicules motorisés mis à leur disposition par
les autorités provisoires leur assuraient une autonomie
de 25 000 kilomètres.

Les hommes se rassemblèrent à l'écart tandis que
les femmes s'occupaient de nourrir et de surveiller les
enfants.

« L'endroit me semble propice, déclara Esaö. D'un
côté les montagnes et les sources d'eau ; de l'autre, l'océan,
qui peut nous assurer une partie de notre subsistance.

– Rien ne prouve qu'il soit poissonneux, objecta Trebor, un grand et gros gaillard à la barbe fournie. Et même s'il l'est, rien ne prouve que les poissons ou ses autres créatures soient comestibles. »

Esaö s'accroupit et préleva une poignée de terre brune et humide.

« Avec les semences à croissance rapide que nous ont confiées les autorités, nous devrions pouvoir obtenir nos premières récoltes dans moins de six mois terrestres. Nos réserves nous permettront de tenir le coup d'ici-là.

– Avec quoi construirons-nous nos maisons ? demanda Katriq, un jeune qui s'était marié juste avant le grand départ.

– Nous trouverons des arbres, ou l'équivalent, sur ces montagnes, ainsi que des pierres. Nous disposons de tous les outils nécessaires.

– Nous n'avons parcouru que 6 000 kilomètres depuis l'endroit où la navette s'est posée, intervint Leland, un petit homme sec et légèrement voûté. Il existe peut-être de meilleures terres que celles-ci un peu plus loin. »

Esaö baissa la tête, ferma les yeux et pria le Seigneur de lui insuffler la bonne décision. En tant que pasteur de l'Église de la Troisième Réforme, il avait l'entière responsabilité des cinq mille membres de sa communauté. Il rouvrit les yeux, laissa errer son regard sur les huit cents chariots blancs de l'escorte regroupés plus loin, sur l'ombre pétrifiée des montagnes dominant les environs, sur l'océan traversé par l'écume grise des vagues, sur les visages graves des hommes qui lui faisaient face, puis, enfin, sur l'Œil, l'amas globulaire, seule lumière visible avec celle du dernier satellite dans le ciel noir.

Les découvreurs de la planète avaient fait un bon choix en la baptisant Caïn : son nom claquait comme un avertissement, comme une invitation à la vertu. Le Seigneur conforta Esaö dans l'intuition qu'ils devaient s'installer dans cet endroit, là où l'eau, donc la vie, coulait en abondance.

« Le Seigneur me confirme que c'est le bon endroit.

– Amen », murmurèrent en chœur les hommes.

« Ils arrivent. »

Le groupe d'enfants se déploya en courant et en criant dans la rue principale d'Éden.

La petite cité, nichée au pied de la chaîne montagneuse à quelques kilomètres de l'océan, avait fière allure avec ses maisons sombres regroupées autour du temple. L'énorme disque d'Abel, l'étoile du système, déployait ses traînes orangées et rougeâtres dans un ciel qui ne s'éclaircissait pratiquement jamais. Les hommes de la communauté avaient bâti et couvert le temple et leurs habitations en un temps record, extrayant et taillant des pierres noires avec les dix lasers multitâches remis à chaque groupe de colons à leur départ de la navette. Ils utilisaient pour les toitures des lauzes noires posées sur des charpentes taillées dans les branches des étranges arbres blancs proliférant sur les versants. Les femmes et les enfants avaient ramassé les coquillages nacrés abandonnés par la marée descendante pour briser l'austérité des façades. Ils avaient ensemencé les terres qui leur paraissaient propices à la culture, puis ils avaient placé dans les couveuses à générateur radio-isotope les embryons cryo de bovins à forte fertilité qui leur serviraient à la fois de bêtes de somme et de nourriture.

« Avec ce pauvre soleil, marmonna Garol l'ancien, je ne suis pas certain qu'on obtienne de bonnes récoltes.

– Elles sont conçues pour les faibles luminosités, tenta de le rassurer Esaö. Et puis le Seigneur n'abandonne jamais ses ouailles.

– Je ne suis pas certain non plus que le Seigneur apprécie ce coin. On dirait plutôt l'antre du démon.

– Ne blasphème pas, Garol. Tu pourrais t'en repentir. »

Les enfants hors d'haleine arrivèrent en ordre dispersé devant le temple où le pasteur et une poignée d'hommes échangeaient quelques mots après une harassante journée de travail.

« Ils arrivent ! s'époumonèrent deux garçons.

– De qui parles-tu ? grommela Garol.

– Des inspecteurs des colonies, sans doute, précisa Esaö.

– On a vu la navette de là-haut, ajouta l'un des garçons en pointant le bras sur la montagne. On a coupé par la pente.

– Qu'est-ce qu'ils viennent fiche ici, ceux-là ? maugréa Garol.

– Voir si nous sommes correctement installés, si nous n'avons pas commis d'erreur, répondit Esaö.

– On n'a pas besoin d'eux, le Seigneur est avec nous.

– C'est également le Seigneur qui nous les envoie. »

La navette surgit au-dessus des crêtes dans un rugissement assourdissant, puis demeura un temps en suspension au-dessus d'Éden avant de se poser avec une étonnante douceur sur la bande de terre plane entre la chaîne montagneuse et l'océan. Quelques instants plus tard, une passerelle souple jaillit de ses flancs ; un véhicule à chenilles la dévala, avec à son bord une dizaine d'hommes et de femmes sanglés dans les uniformes blanc et doré de la Coloniale.

Le véhicule s'immobilisa devant le temple. Ses passagers en descendirent et s'approchèrent sans hésitation d'Esaö. Il sembla à ce dernier reconnaître l'homme d'une cinquantaine d'années qui s'avançait vers lui et dont l'uniforme immaculé s'ornait aux épaules et sur les manches de plusieurs barrettes dorées.

« Nous sommes en mission d'inspection, déclara ce dernier. Nous sommes venus vérifier que tout se passe bien pour votre communauté.

– Le Seigneur est avec nous, répondit Esaö d'un ton un brin provoquant. Que voulez-vous qu'il nous arrive ? »

Il parvint enfin à identifier son interlocuteur : Gervin LeLatt, le commandant du *Bracceus*. Les membres de la communauté sortaient de leurs maisons et grossissaient régulièrement la multitude assemblée sur la place.

« Évidemment. » Un large sourire barra le visage émacié du commandant. « Mais cette planète garde encore quelques-uns de ses mystères, et nous souhaitons nous assurer que vous n'avez pas choisi un endroit dangereux. Comment se passe votre adaptation aux nycthémères de votre nouveau monde ?

– Les problèmes de sommeil se règlent peu à peu, on ne ressent plus la même fatigue qu'au début.

– Et la gravité ?

– On se sentait un peu légers, et puis on s'est habitués.

– Parfait. Je passe la parole à Alvare, notre exobiologiste. »

Une femme brune se détacha du petit groupe et s'approcha à son tour d'Esaö. Il crut discerner une certaine agressivité dans les yeux clairs de l'exobiologiste qui se posaient sur lui.

« Les analyses indiquent trois dangers principaux pour votre communauté : les grandes marées du Nordial, qui ont lieu une fois par an ; elles risquent de soulever le sol d'une dizaine de mètres et de provoquer des éruptions volcaniques.

– Le Nordial ?

– Le nom que nous avons donné à l'océan. Deuxième danger : les créatures des profondeurs, qui exploitent les failles pour surgir à la surface et chercher des proies. Enfin, troisième danger : l'hiver qui, dans cette partie de Caïn, s'annonce particulièrement long et rude. Nos analyses précisent également que la terre est moyennement fertile et que l'océan grouille d'une vie inconnue. »

Esaö désigna les façades sombres de chaque côté de la rue.

« Nous n'allons pas quitter une cité que nous venons tout juste de bâtir.

– Nous ne l'exigeons pas, répliqua Alvare avec vivacité. Nous vous prévenons seulement des menaces qui pèsent sur votre communauté. Nous vous laisserons une borne satellitaire grâce à laquelle vous serez en communication permanente avec le gouvernement provisoire de Caïn et les autres communautés. En cas de pépin, les autorités interviendront dans les plus brefs délais. »

Sur un signe du commandant, on déchargea un appareil du véhicule à chenilles, une sorte de cône blanc de 1,50 mètre de hauteur posé sur trois pieds et pourvu d'une parabole et de divers compartiments.

« Son générateur radio-isotope lui garantit une autonomie de cinquante années terrestres, expliqua le commandant. On vous la changera quand elle sera arrivée en fin de vie. Pour recevoir et émettre, il vous suffira de vous placer dans un rayon d'une vingtaine de mètres. Pour ce qui concerne l'énergie par faisceau, les équipes travaillent dur, et elle vous sera apportée l'année prochaine, au maximum dans deux ans. Par ailleurs, votre coin est riche en nappes phréatiques potables et, si vous ne parvenez pas à réaliser votre service d'eau courante, les techniciens s'en chargeront.

– Que faisons-nous des véhicules qui nous ont été prêtés à notre arrivée ? demanda Esaö.

– Gardez-les. Au cas où vous devriez changer d'endroit. Ou encore que vous ayez besoin de monter une expédition. Rien ne vous oblige à rester ici. À vous de décider en fonction des ressources et des difficultés. Nous vous fournirons des armes à ondes pour vous défendre des éventuels prédateurs.

– Nos croyances nous interdisent d'utiliser des armes.

– Un choix que nous respectons. Nous vous les confions. À vous d'en faire usage ou non. Nos spécialistes vont également vérifier vos couveuses avant notre départ. »

L'inspection montra que les couveuses fonctionnaient normalement. Les techniciens estimèrent que les premiers animaux naîtraient trois mois terrestres plus tard. La délégation se retira après avoir déchargé une dizaine de caisses d'armes à ondes que les hommes entassèrent dans une salle annexe du temple.

Les feux de la navette se fondirent peu à peu dans les traînées rougeoyantes d'Abel.

« Ce que je me demande, marmonna le vieux Garol, c'est comment ils ont pu nous retrouver.

– Ce n'est pas un miracle, répondit Esaö. Les véhicules qu'ils nous ont prêtés étaient équipés de traceurs qui leur permettaient de nous localiser en permanence. »

La superposition de Jakob, le rapide, et de Joseph, le lent, précéda la grande marée de quelques minutes.

« La conjonction des deux satellites n'a pourtant pas grand-chose à voir avec la puissance des marées, affirma Losoph, le spécialiste en astronomie de la communauté. C'est dû à la position de Caïn par rapport à Abel. »

Le tocsin rassembla les habitants d'Éden sur la grande place du temple. La nuit était tombée depuis cinq jours terrestres. Esaö avait observé que l'obscurité prolongée engendrait une profonde morosité dans la communauté. Les visages se fermaient, les relations se dégradaient, les rires s'espaçaient, les disputes se multipliaient. Sa propre maison n'échappait pas à la règle : la dysharmonie s'installait entre son épouse, ses enfants et lui-même, les nerfs se tendaient, les émotions les plus noires, les plus violentes, jaillissaient de la bouche et des yeux comme des diables montés sur ressort. L'interminable nuit de Caïn assombrissait l'âme, et chacun guettait avec impatience le retour du jour.

« Nous appelons chacun à la vigilance, déclara le pasteur d'une voix forte. La grande marée commence. Elle durera cinq ou six de nos anciens jours. Ou jusqu'au milieu de la nuit de Caïn. Le sol risque de bouger. Pour ceux des hommes qui le souhaitent, je les autorise à se munir d'armes à ondes au cas où des créatures féroces se présenteraient. »

Une centaine d'hommes se portèrent volontaires. On leur distribua les armes. Hoal, qui avait servi trois ans dans l'armée terrestre brésilienne avant de rejoindre la communauté, leur en expliqua le maniement. Puis, tandis que les familles peu rassurées regagnaient leurs logements, les vigiles se déployèrent autour de la petite cité.

Le sol commença à se gondoler. Quelques maisons vacillèrent sur leur base. Leurs occupants s'en échappèrent en poussant des hurlements et se regroupèrent près du temple où veillaient Esaö et une cinquantaine d'hommes. Une ligne de fracture courut le long de la rue principale. Une vapeur ocre s'en échappa en répandant d'épouvantables effluves sulfurés. Une maison s'affaissa, comme aspirée par une invisible bouche. Des grondements s'amplifièrent dans le lointain. À la puanteur de soufre, s'ajouta une puissante odeur de saumure, signe que l'océan se rapprochait, couvrant peu à peu la bande de terre qui le séparait de la chaîne montagneuse.

« Nous devrions nous réfugier sur les hauteurs, suggéra Losoph. Les montagnes ne bougeront pas autant, et on respirera mieux, là-haut. »

Esaö décida de suivre le conseil de son aîné ; le Seigneur s'exprimait par toutes les bouches. Il fit sonner le tocsin pour organiser la retraite vers les reliefs abrupts qui bordaient Éden. La longue procession se mit en marche en suivant le sentier naturel creusé par un ancien cours d'eau. Une fois dans les pentes, les habitants d'Éden virent le sol se soulever comme un bout de tissu gonflé par le vent et un grand nombre de leurs maisons s'effondrer dans les failles de plus en plus larges.

« Et nos réserves ? rugit Garol l'ancien. Et nos couveuses ? Et la borne de communication ? Le Seigneur nous abandonne.

– Il n'abandonne jamais ceux qui le servent loyalement », répliqua sèchement Esaö.

Quelques retardataires couraient dans les rues pour tenter de gagner les reliefs. Ce ne furent pas les failles qui les happèrent, mais des créatures aux longs tentacules souples dont certains se terminaient en pics ou en pinces coupantes. Des cris horribles accompagnèrent leur glissade et leur chute dans les lézardes par endroits larges de 5 ou 6 mètres. Les hommes armés intervinrent en arrosant les tentacules d'ondes scintillantes, mais ils ne parvinrent pas à sauver les malheureux capturés par les monstres des profondeurs.

« J'avais bien dit que cet endroit était l'antre du diable, glapit Garol.

– Le Seigneur nous met à l'épreuve. » Esaö avait mis toute la force de sa foi dans sa voix. « Ne le provoque pas si tu ne veux pas affronter sa colère. »

Des sanglots étouffés montèrent de la foule dispersée dans les pentes. La montagne vibrait et craquait de toutes parts, mais elle ne bougeait pas, comme si elle s'était adaptée aux amples mouvements du Nordial.

« Sa colère, il me semble qu'on est justement en train de l'affronter », ajouta Garol à voix basse.

La grande marée dura, selon la montre d'Esaö, l'équivalent de six jours terrestres. Six jours pendant lesquels les hommes et les femmes d'Éden assistèrent, impuissants, désespérés, à la destruction presque totale de leur cité. Des créatures des profondeurs s'aventurèrent à la surface. Les observant avec ses jumelles nyctalopiques,

Losoph estima que leurs corps mesuraient plus de 6 mètres de l'une à l'autre de leurs extrémités (difficile de parler de tête et de queue), que leurs tentacules pouvaient se déployer jusqu'à 20 mètres, et qu'ils progressaient en se trémoussant sur le sol comme des limaces (ils sont nettement plus rapides que des limaces). On distinguait également, sur ce qui était sans doute leur échine, des antennes souples et des protubérances circulaires ressemblant à des ocelles de papillons.

Les hommes armés se dispersèrent dans les montagnes en quête de nourriture tandis que les femmes se rendirent aux sources proches où elles puisèrent de l'eau dans les récipients qu'elles avaient eu le réflexe d'emporter avec elles. On coupa les branches des arbres (les mots les plus pratiques pour désigner les excroissances grises et ramifiées qui poussaient entre les rochers et qui ne ressemblaient ni à des plantes ni à des arbres) pour alimenter les feux qui permettaient de supporter la fraîcheur nocturne. Les chasseurs n'ayant rien rapporté de leur expédition, les membres de la communauté durent ajouter la faim aux épreuves envoyées par le Seigneur.

Le reflux s'amorça enfin, la terre cessa de bouger, retrouva son niveau initial, les créatures tentaculaires réintégrèrent les failles qui se refermèrent peu à peu. Esaö envoya une dizaine d'hommes en reconnaissance. Trois d'entre eux revinrent quelques heures plus tard et annoncèrent que les choses étaient redevenues à peu près normales.

Esaö fixa l'Œil brillant dans le ciel noir. Il ne l'aurait pas juré, mais il crut entrevoir une légère augmentation de son intensité lumineuse, qu'il interpréta comme un signe.

Les couveuses, la borne de communication et la plupart des réserves ayant échappé à la destruction, Esaö fut conforté dans la pensée que le Seigneur approuvait son choix et décida de rebâtir la ville d'Éden en la décalant de quelques kilomètres sur les pentes montagneuses.

Comme à chaque fin de vingte, Omaline s'était assise sur le bord du Nordial pour guetter le retour de son père. Âgée de huit années terrestres, elle aimait rêver en contemplant le ciel noir de la nuit ou rouge sombre du jour, et le mouvement des vagues de l'océan. Même si on pouvait prévoir les grandes marées – course d'Abel dans le ciel, position des satellites –, elle vivait comme tous les Édeniens dans la peur permanente des débordements océaniques, des brusques soulèvements du sol, de l'apparition de failles, du déferlement de ces créatures effrayantes et voraces appelées tancles.

Éden avait essuyé une vingtaine d'attaques depuis sa fondation. Les tancles s'étaient lancés dans les pentes de la chaîne de Jéricho, répandus dans les rues de la cité, et avaient capturé une trentaine de membres de la communauté et de bovins avant que les vigiles ne parviennent à les repousser à l'issue d'une bataille acharnée. Baltoj, le pasteur, avait ordonné la construction d'un mur autour de la ville et des champs pour prévenir leurs offensives. Les hommes avaient mis un peu moins de trois mois terrestres à réaliser l'ouvrage de 10 mètres de hauteur, pourvu d'un large chemin de ronde et de meurtrières.

Omaline ramassa quelques coquillages sur l'immense grève désertée par les vagues. L'océan n'était plus qu'une vague ligne sombre à l'horizon. Elle chercha des yeux les bateaux des pêcheurs. Aucune tache blanche n'était en vue. Elle aurait dû en cet instant être assise sur un banc de l'école, bercée par la voix monocorde de la maîtresse, mais elle s'y ennuyait, et, si sa mère la réprimandait sans cesse pour ses escapades, son père la soutenait en disant qu'il y avait bien mieux à faire pour une petite fille que d'apprendre tout un tas de trucs inutiles.

Omaline avait d'ailleurs l'impression parfois déstabilisante d'en savoir davantage que la maîtresse. Une voix intérieure lui soufflait les réponses, avant même que les sujets ne fussent abordés. Elle n'en avait parlé à personne : on ne badinait pas avec la folie dans les communautés de l'Église de la Troisième Réforme. On l'aurait soumise au traitement de choc réservé aux possédés. Elle craignait le regard du pasteur davantage que les tancles.

Elle arriva devant une falaise rougeâtre qui barrait toute la largeur de la grève. Elle avait marché plus loin que d'habitude. Elle songea d'abord à rebrousser chemin, puis la curiosité la poussa à gravir la paroi en se servant des rochers comme de marches. Le vent du large, chargé de sel, plaquait sa robe de laine contre sa peau. L'hiver, qui venait tout juste de s'achever, lançait encore quelques-unes de ses terribles piques.

L'escalade lui prit une bonne heure. Malgré la fraîcheur, elle était en nage lorsqu'elle atteignit le plateau désertique au pied duquel s'écrasaient les vagues écumantes. Quelques rochers solitaires, rouges eux aussi, avaient des allures de sentinelles ou de cheminées. Elle s'approcha du bord et découvrit un paysage dont la beauté la bouleversa. Vu d'en haut, l'océan se dévoilait dans toute sa majesté avec son eau sombre teintée de rouille et les fugaces éclats phosphorescents qui éclaboussaient ses profondeurs. Elle ne discernait toujours pas les voiles blanches des bateaux de pêche. Elle s'assit sur une grosse pierre ronde, entoura ses jambes repliées de ses bras et s'abandonna à sa contemplation, fascinée par le mouvement incessant des vagues et les projections d'écume grise sur les récifs.

Des images s'imposèrent tout à coup à son esprit : elles montraient des êtres humains semblables aux colons de Caïn, mais vêtus de tenues différentes, étranges. Ils évoluaient dans des paysages poussiéreux, écrasés de chaleur et de lumière. Cette fois, elle en eut la certitude, elle avait définitivement basculé dans la folie. Des larmes lui vinrent aux yeux et perlèrent à ses cils.

Elle eut la sensation d'une présence derrière elle, du poids caractéristique d'un regard sur sa nuque et son dos. Elle ne se retourna pas tout de suite, pétrifiée par l'inquiétude, puis, lorsque la tension devint insupportable, elle finit par lancer un coup d'œil par-dessus son épaule.

La créature qu'elle aperçut acheva de la glacer d'effroi. Un corps cuivré et allongé posé sur huit pattes, de courtes antennes frémissantes plantées le long de son échine, des protubérances circulaires cernées de noir au-dessus de ce qui était peut-être sa tête. Il se différenciait des tancles par sa longueur, 3 mètres au plus, .et le nombre de ses tentacules : il n'en possédait qu'un, plutôt court, terminé en pince souple. Omaline aurait voulu hurler, elle ne put expulser qu'un faible gémissement. Les antennes de la créature oscillaient au gré des rafales. Les images continuaient de déferler dans l'esprit de la fillette, accentuant son impression d'avoir perdu la raison.

Omaline et le monstre s'observèrent un long moment sans bouger. Il n'avait pas d'yeux apparents, et, pourtant, la fillette restait persuadée d'être fouillée, évaluée, sondée. Elle se demanda pourquoi la créature n'attaquait pas. D'où avait-elle pu surgir ? On ne discernait aucun orifice ni aucun abri sur le plateau. Les images lui montraient désormais de grands navires à voile enveloppés de fumée. Elles ne pouvaient pas jaillir de sa mémoire, elle n'avait rien vu de semblable. De la Terre, qu'elle avait quittée à l'âge de six mois, ne lui restait aucun souvenir.

Une deuxième créature apparut dans son champ de vision, plus sombre et petite que la première. Elle se déplaçait avec vélocité et légèreté sur le sol qu'elle paraissait à peine effleurer. En l'observant, Omaline vit qu'outre la couleur et la taille, elle présentait d'autres différences avec sa congénère, une carapace bosselée, un tentacule très court, presque atrophié, des excroissances translucides, un abdomen renflé. Elles se placèrent face à face pendant un long moment. Des éclairs étincelants s'échappèrent de leurs antennes frémissantes. Omaline devina qu'elles communiquaient entre elles. Un tourbillon se leva dans son esprit. Les scènes de guerre s'entremêlaient, des milliers de cadavres jonchaient les plaines arides, des engins volants déversaient des objets qui, en touchant le sol, détruisaient des quartiers entiers, des véhicules montés sur chenilles faisaient pleuvoir un déluge de feu et de cendres, des survivants se terraient dans les refuges souterrains, des corps étaient jetés par centaines dans des fosses communes et incendiés. Son père parlait des batailles terribles qui avaient jadis opposé les hommes, mais, aucune image ne s'étant associée aux mots, ils étaient restés abstraits et n'avaient suscité en elle qu'une vague inquiétude.

Les créatures s'avancèrent vers elle avec un étonnant synchronisme, comme si un seul cerveau les commandait. Une partie d'elle pressait Omaline de fuir, une autre lui interdisait de bouger. La curiosité supplantait peu à peu la peur en elle. Si les créatures avaient été aussi agressives et voraces que les tancles, elles se seraient déjà jetées sur elle et l'auraient entraînée dans les profondeurs du sol pour la dévorer.

Un regard machinal sur l'océan lui montra les taches blanches des voiles à l'horizon. Les pêcheurs rentraient. Son père s'inquiéterait lorsqu'il ne la verrait pas sur la jetée de pierres noires, et, plus encore, en constatant qu'elle n'était pas non plus à la maison. Elle faillit partir en courant vers l'extrémité du plateau, mais ne se leva pas, comme si son corps ne lui appartenait plus.

Maintenant lui parvenaient des images d'êtres luisants rassemblés dans des galeries souterraines. Omaline comprit au bout de quelques instants que les deux créatures tentaient de communiquer avec elle. Elles ne parlaient pas, elles utilisaient la suggestion, elles suscitaient des images, des sensations, dans la tête de la fillette.

Elle s'immergea peu à peu dans un univers étrange fait de galeries et de grottes, et assista à d'immenses batailles opposant des combattants entièrement caraçonnés, à d'obscurs enchevêtrements de pinces et de tentacules. Elle devina que les créatures lui dévoilaient leur histoire. Moins nombreuses, elles avaient dû s'organiser pour résister aux assauts des prédateurs qui vivaient dans les profondeurs, les mêmes qui, à chaque grande marée, se lançaient à l'assaut de la communauté d'Éden. Elles avaient développé un système de communication qui leur permettait de prévenir à distance leurs congénères éloignées. En affinant et unissant leurs perceptions, elles avaient exploré, toujours à distance, leur planète, puis, du fond de leurs abris, elles avaient visité le système solaire, des pans entiers de la galaxie. Elles avaient découvert une forme de vie intéressante sur une petite planète bleutée et riche en eau réchauffée par une étoile jaune, et suivi avec une grande attention la lente évolution d'une espèce d'apparence fragile devenue dominante. Cette dernière avait fini par conquérir l'ensemble de sa planète, puis elle s'était aventurée sur les planètes sœurs du système avant de se lancer dans la conquête de la galaxie.

Dans l'esprit d'Omaline, les séquences montrant les hommes se mêlaient aux images de la vie des créatures. Elles s'appelaient osoanor, une vibration qui, dans leur langue, signifiait « fusionnelles », « duelles », en opposition avec les acenaor, les « nés d'eux-mêmes ». Elles avaient avec les êtres humains ce point commun d'assurer leur descendance par l'union d'un principe mâle et d'un principe femelle. Les osoanor redoutaient l'arrivée des premières colonies humaines sur leur planète, Izagar, qu'on pouvait traduire par l'« étirée » ou l'« ovoïde » : l'espèce humaine s'était montrée belliqueuse depuis son accession à la conscience ; ses plus belles conquêtes, ses plus grandes avancées s'étaient la plupart du temps accompagnées de conflits effrayants.

Omaline ne ressentit plus qu'un grand vide. Elle rouvrit les yeux. À la place des deux créatures se tenaient quatre hommes aux mines sévères, dont Baltoj, le pasteur d'Éden, et Yvur, son père.

« Ça fait près de deux quartes que nous te cherchons, déclara le pasteur d'un ton rogue. Que fais-tu ici ? »

Le contraste brutal entre son long échange avec les osoanor et le retour à la réalité maintint Omaline dans un état proche de l'hébétude.

Baltoj fixa Yvur d'un air désolé.

« Ta fille m'a tout l'air d'être possédée. »

Les sourcils d'Yvur se froncèrent, ses yeux s'assombrirent, les rides se creusèrent sur son front et aux commissures de ses lèvres. Il hocha la tête au bout de quelques instants. Les deux autres hommes, des pêcheurs comme son père, s'approchèrent d'Omaline et la saisirent par les bras pour la contraindre à se relever.

Elle contempla le ciel. Abel disparaissait sous les nuages et la luminosité déjà faible de Caïn avait encore baissé.

« Vite, on va être en retard. »

Erzer avait attendu avec impatience la fermeture du mur d'enceinte d'Éden. L'imminence de la grande marée offrait de nombreux avantages : les habitants restaient confinés dans les limites de la cité pendant plusieurs quartes, les adultes en profitaient pour se rassembler dans les rues et commenter les derniers événements, les enfants dispensés d'école et livrés à eux-mêmes goûtaient de précieux instants de liberté qu'Erzer et Gulide mettaient à profit pour rendre visite à l'exilée. Il leur suffisait de dévaler le mur à l'endroit où ses pierres saillantes formaient des marches à peu près régulières, puis de foncer en direction de l'océan en essayant de ne pas se laisser surprendre par les failles et les tancles.

Âgés respectivement de dix et neuf ans, Erzer et Gulide s'étaient connus sur les bancs de la prime école et étaient devenus inséparables. Le père d'Erzer s'occupait d'un troupeau de bovins et celui de Gulide exerçait la profession de chef de la sécurité générale, mais, même s'il vivait dans les quartiers du Bas et elle dans les quartiers du Haut, même si leurs familles ne s'étaient jamais rencontrées, les deux enfants se comportaient en frère et sœur, partageant leurs goûters, leurs devoirs et leurs aventures.

Erzer et Gulide jetèrent des coups d'œil de chaque côté du chemin de ronde avant de se lancer dans la descente du mur. Ils ne distinguèrent rien d'autre que les masses claires des ruminants paissant dans les champs proches. Les deux satellites n'allaient pas tarder à opérer leur jonction sous le regard lointain de l'Œil dans le ciel d'un noir insondable.

Les premiers frémissements se produisirent peu de temps avant qu'ils n'atteignent le littoral. Ils eurent tout à coup la sensation de marcher sur une échine instable. Une fissure courut en leur direction, un simple trait d'abord qui se changea rapidement en un fossé d'une largeur de 30 ou 40 centimètres.

Erzer prit la main de Gulide et hurla :

« Faut accélérer. Les tancles ne vont pas tarder à débouler. »

Les grondements s'amplifiaient rapidement. Les déferlantes balaieraient bientôt la bande de terre plane avec une violence terrifiante. La course s'engagea entre les deux enfants et les éléments. Comme la plupart de leurs camarades, Erzer et Gulide n'avaient pas peur des grandes marées. Nés sur Caïn, ils vivaient au rythme de leur monde, et les débordements réguliers du Nordial en étaient une manifestation au même titre que les jours et les nuits interminables, les hivers longs et lugubres, la brève saison chaude, les communications avec les groupes humains disséminés sur les autres terres, la danse de Joseph et de Jakob dans le ciel nocturne, les nuées de volatiles carnivores qui, une fois par année caïne, surgissaient des hauteurs du massif et s'abattaient sur les troupeaux en détruisant les filets métalliques de protection tendus par les éleveurs.

« Attention sur ta gauche. »

Erzer désignait le tentacule noir qui avait jailli d'un orifice pour ramper vers Gulide. Tout en l'évitant d'un large détour, la fillette eut le temps d'apercevoir les redoutables crochets rétractiles répartis tous les 10 centimètres à l'intérieur de l'excroissance souple. Les tancles avaient emporté la sœur aînée de son père deux années terrestres plus tôt ; Gulide n'en avait éprouvé aucun chagrin : sa tante était la personne la plus détestable d'Éden, la plus détestable de tout l'univers sans doute.

Ils parvinrent sans encombre au pied de la falaise. Des secousses de forte amplitude ébranlaient le sol. Des rochers rouges se détachaient de la paroi et se brisaient quelques mètres plus bas. Les deux enfants entamèrent l'escalade en choisissant les passages les plus sûrs. Un vent violent poussait de gros nuages pâles et s'engouffrait dans leurs vêtements. Les vagues du Nordial gagnaient du terrain, s'écrasant désormais une cinquantaine de mètres plus loin.

En haut de la falaise, s'étendait l'immense plateau qui se soulevait lui aussi, mais avec moins d'amplitude. Erzer et Gulide franchirent en courant les 3 ou 4 kilomètres qui les séparaient de la grotte de la bannie. Une pluie rageuse et glaciale se mit à tomber. Ils arrivèrent trempés et frigorifiés à l'entrée de la cavité.

Omaline les y attendait en compagnie de quelques osoanor mâles et femelles. La vieille femme leur proposa un breuvage chaud à base de racines dont les autochtones vantaient les qualités énergisantes. Tout au long de sa vie, la vieille Omaline n'était jamais tombée malade ni n'avait jamais manqué de nourriture dans un environnement pourtant désertique.

Erzer et Gulide marquèrent un petit temps d'hésitation avant de s'asseoir sur les carrés souples servant de coussins à la bannie. C'était la deuxième fois seulement qu'ils rencontraient des osoanor, et, même si Omaline leur avait affirmé qu'ils n'avaient rien à craindre d'eux, leur apparence ne les rassurait guère : leurs antennes, leur unique tentacule, leur carapace les apparentaient davantage à des tancles qu'à des humains ou des mammifères. Ils n'avaient pas d'yeux et, pourtant, on se sentait, face à eux, traqué dans le sanctuaire intime de ses pensées, sondé jusqu'aux tréfonds de l'âme, un peu comme si le pasteur de la communauté avait le pouvoir d'entrer dans l'esprit de ses fidèles et de s'emparer de chacun de leurs secrets.

« Quoi de neuf, à Éden ? »

Omaline n'y avait jamais remis les pieds depuis que le pasteur et sa propre famille l'avaient chassée après l'avoir examinée, puis exorcisée au cours d'une cérémonie humiliante. Elle se souvenait de chaque mot du prêche de Baltoj, le pasteur de l'époque : la communauté de la Troisième Réforme ne pouvait se permettre de garder les éléments infectés dans son sein, elle devait les éradiquer comme on arrache les mauvaises herbes des jardins, Omaline était une porte par laquelle s'engouffraient les démons, il fallait la refermer, la cadenasser, la condamner. Elle pleurait encore lorsqu'elle évoquait ses souvenirs d'une voix enrouée.

« On a appris par la borncom que les autorités de Caïn prévoient d'envoyer des robots souterrains dans tous les endroits habités par les hommes pour éliminer les tancles », répondit Erzer.

Omaline demeura quelques instants les yeux clos, la tête légèrement penchée. Les enfants devinèrent qu'elle échangeait en silence avec les osoanor. Les premiers habitants de Caïn – Izagar – n'utilisaient pas la parole pour communiquer. De temps à autre, des images s'imposaient dans l'esprit d'Erzer et de Gulide, mais elles passaient comme des nuages de hauteur dans le ciel sombre, elles ne s'enchaînaient pas, elles ne formaient pas un véritable langage.

« C'est ce que craignaient nos amis, déclara tout à coup Omaline. Les humains vont maintenant tenter de remodeler Caïn pour la réserver à leur seul usage. Comme ils ont colonisé leur Terre originelle. S'ils déclarent la guerre aux acenaor sous prétexte que ces derniers sont dangereux pour les colons, alors ils en profiteront pour exterminer les autres formes de vies planétaires. Cela fait des millénaires que les osoanor observent l'humanité, et ils avaient espéré que jamais les hommes ne fouleraient le sol d'Izagar. Ils ont perdu toute confiance dans l'espèce humaine.

– Comment ont-ils pu observer la Terre d'aussi loin ? demanda Gulide.

– Leurs perceptions leur permettent de franchir des distances énormes, inconcevables. Le temps n'a pas pour eux la même valeur que pour nous. Ils se sont passionnés pour l'étude de notre espèce. Ils en ont conclu que nous faisions partie des engeances dangereuses, peu fréquentables, ce que semblent confirmer les dernières décisions des autorités de Caïn. »

Erzer fixa l'osoanor le plus proche de lui. L'attention de la créature se focalisa aussitôt sur lui. Des courants chauds et doux lui traversèrent le cerveau. Des images lui apparurent, des scènes de guerre, des cadavres jonchant par milliers des rues dévastées, des croix dressées de chaque côté de voies pavées, des femmes et des enfants enfermés dans une bâtisse incendiée, une armée lancée à l'assaut d'une cité retirée derrière un haut rempart.

« Qu'est-ce qu'on peut faire ? murmura-t-il.

– Essayer de convaincre les colons que les autres espèces ont toutes leurs raisons d'être, que la vie ne se limite pas à la loi du plus fort ou du plus apte, que nous avons quelque chose à apprendre des premiers habitants de Caïn.

– Ils ne t'ont pas écoutée, soupira Erzer avec une grimace de dépit. Ils ne nous écouteront pas, ils nous chasseront comme ils t'ont chassée. »

Omaline se pencha vers ses petits invités. Elle avait sans doute dépassé les soixante-dix ans terrestres, et pourtant elle avait conservé un regard d'enfant. Des craquements retentissaient régulièrement, dominant les mugissements lointains des vagues et les sifflements rageurs du vent.

« Peut-être sont-ils prêts à vous écouter ? Vous ne le saurez pas si vous n'essayez pas. »

Le sol cessa de bouger.

« La marée est bientôt finie, reprit Omaline. Rentrez à Éden avant qu'on ne remarque votre absence. »

Gulide désigna les osoanor.

« Comment font-ils pour résister aux grandes marées ? »

Elle reçut la réponse à sa question sous la forme d'une image montrant un osoanor qui se déplaçait à grande vitesse le long d'une paroi. Ses pattes pourvues de minuscules crochets lui permettaient de s'agripper instantanément aux parois rocheuses et de déjouer les offensives des acenaor.

« Mais certains n'en réchappent pas, ajouta Omaline. Les tancles sont nombreux là-dessous. Ils peuvent passer plusieurs jours caïns sans manger ni boire, et leurs attaques sont parfois imprévisibles. Foncez maintenant. La pluie s'est arrêtée. »

Erzer et Gulide se remirent en marche. Le vent avait débarrassé le ciel de son manteau nuageux. Les deux satellites se tenaient de chaque côté de l'horizon, comme deux frères fâchés. Le Nordial se retirait en abandonnant sur la grève d'innombrables déchets. L'Œil, lui, continuait de regarder Caïn.

Les fouisseurs œuvraient sans relâche dans les entrailles du sol. Le gouvernement de transition avait déclaré la guerre aux tancles, appelés ailleurs vorax ou raptors, principale cause de mortalité sur Caïn.

L'armée s'était présentée à Éden quelques jours planétaires plus tôt. Une vingtaine d'officiers et de techniciens en uniforme blanc et doré encadraient trente robots fouisseurs, d'étranges machines de forme oblongue aux antennes rétractiles et aux mâchoires destructrices. Ils s'enfonçaient dans le sol en rejetant par des tuyaux souples la terre et la roche pulvérisée, et ils remontaient de temps à autre avec le cadavre d'un tancle.

Des larmes étaient venues aux yeux de Gulide. Elle avait tenté de persuader les autorités de la communauté qu'il existait d'autres solutions que la guerre. On ne l'avait pas écoutée ; pire, on l'avait accusée de collusion avec l'ennemi et on avait menacé de la bannir si elle persistait dans ses délires. Elle se sentait seule et désemparée depuis le départ d'Erzer pour NewTon, la capitale administrative de Caïn. Cela faisait presque trois ans qu'il était parti à bord d'un véhicule du service d'énergie magnétique dans le but de contacter les membres du gouvernement, d'alerter l'opinion et les médias, et il n'avait plus jamais donné de nouvelles, ni par la borncom, ni par aucun autre système de communication. Comme Omaline était morte quelques années plus tôt dans sa quatre-vingt-douzième année terrestre, elle n'avait plus personne à qui se confier.

Parmi les dépouilles des tancles amoncelées sur la grève dans l'attente de leur pulvérisation par des ondes à haute tension, Gulide avait repéré des cadavres d'osoanor. Les robots fouisseurs tuaient sans distinction toute créature qu'ils croisaient dans les profondeurs du sol.

« Un nettoyage en règle, plastronnait le général responsable des opérations. Bientôt, vous n'aurez plus rien à craindre de ces saloperies, faites excuse pour mon langage militaire, monsieur le pasteur.

– Comment serez-vous certain qu'il n'en reste plus un seul ? » demanda Elkip, le pasteur fraîchement élu d'Éden.

Le général tira un petit écran plat de la poche de sa veste d'uniforme.

« Le détecteur nous le confirmera : il repère toute présence souterraine ennemie jusqu'à 200 kilomètres à la ronde. Il est infaillible. Avec ça, ces foutues bestioles n'auront pas la moindre chance. »

Les Édeniens descendaient par grappes observer les monstres exposés sur la grève, une façon d'exorciser leur peur, leur chagrin et leur colère. Tous avaient perdu un ou plusieurs membres de leur famille pendant les grandes marées. Les tancles immobiles restaient impressionnants avec leurs longs corps de 6 ou 7 mètres, leurs pattes souples et fines à quatre articulations, leurs carapaces gris sombre parsemées d'excroissances dentelées, leurs interminables tentacules équipés de crochets, de pinces ou de pics. Lorsque les badauds croisaient Gulide dans les rues de la cité ou sur les chemins qui menaient à l'océan, ils lui lançaient des regards haineux accompagnés de paroles menaçantes. Les mots « traîtresse », « folle » et « honte » planaient au-dessus d'elle comme des charognards. Elle craignait parfois que les membres de la communauté ne se jettent sur elle pour la rouer de coups, et elle restait le plus souvent enfermée dans la chambre minuscule que lui louait la charitable Onise après son expulsion de la maison familiale. Comme la vieille dame habitait les hauts d'Éden, tout près des pâturages, Gulide contemplait, assise devant la lucarne, l'Œil par-dessus les montagnes et leurs sommets déchiquetés, dérivant sur ses pensées qui la ramenaient immanquablement à Erzer.

Pourquoi ne lui avait-il pas fait signe ? Lui était-il arrivé malheur ? Était-il tombé amoureux d'une autre femme ?

Elle ne pouvait même pas s'adresser à la famille de son ami d'enfance : ses parents, ses frères, ses sœurs avaient renié Erzer comme sa propre famille l'avait répudiée. Elle perdait de temps à autre tout espoir et sombrait dans un puits d'amertume noire et froide. Depuis la mort d'Omaline, elle n'avait plus aucun contact avec les osoanor. Elle se sentait inutile, égarée dans un labyrinthe ténébreux, coupée de tout et de tous, maillon inutile de la chaîne du vivant. Elle venait d'atteindre ses trente-six ans terrestres, et sa vie lui coulait entre les doigts comme du sable noir.

À la vingt-cinquième quarte, soit au beau milieu de la nuit, après que la sirène eut annoncé les quartes de sommeil, elle sortit de la maison de la vieille Onise pour se défaire d'un sentiment grandissant d'oppression. Elle franchit sans encombre la porte océane du mur d'enceinte et s'engagea sur le sentier sinueux qui dévalait les pentes en direction du Nordial. Elle atteignit la grève après un demi-quart de marche. Le vent répandait une forte odeur de pourriture. Elle s'arrêta quelques instants devant l'énorme tas de dépouilles amoncelées sur le sable. Contrairement aux promesses de l'armée, on ne les avait pas encore pulvérisées et elles répandaient une puanteur atroce. Une profonde tristesse l'étreignit devant le spectacle de ces carcasses décomposées rongées par les petits crustacés aux pinces aussi tranchantes que des lames. À ce spectacle se superposa une nouvelle image, une montagne de corps humains dénudés pourrissant sur une plaine battue par les pluies et les vents. Elle se retourna, tracassée par une sensation de présence. Deux osoanor se tenaient à quelques mètres d'elle. Elle n'avait rien entendu. En dépit de leur masse, ils se déplaçaient avec une discrétion d'ombres. Elle n'éprouva aucune peur, seulement un sentiment de joie comparable à celui qu'elle aurait ressenti en revoyant de vieux amis.

Des images défilèrent à grande vitesse dans son esprit. Il lui fallut un peu de temps pour comprendre que les scènes se succédaient de manière logique et formaient un langage. Les osoanor avertissaient les humains qu'ils riposteraient désormais à leurs agressions en utilisant leurs propres armes. Il leur en coûtait de recourir à la violence contre une autre espèce intelligente, mais ils n'avaient plus le choix. Ils donnaient une dernière chance à l'humanité d'éviter le conflit : Gulide devrait prévenir ses semblables, les convaincre de changer d'attitude avant la prochaine grande marée, ou une guerre totale s'engagerait jusqu'à la mort du dernier homme sur Izagar. Les osoanor avaient un avantage sur les colons : ils connaissaient parfaitement leur monde. Ils achevèrent leur communication en transmettant à Gulide des images d'Omaline : l'exilée avait connu un peu de joie en leur compagnie. Ils repartirent avec la même discrétion qu'ils étaient apparus, sans imprimer une seule trace sur le sable de la grève.

Gulide attendit la sirène du réveil et la fin du petit déjeuner de la première quarte d'active pour se rendre à la maison réquisitionnée qui servait de poste de commandement et demander à parler au général. Une faveur que le sous-officier de service refusa dans un premier temps avant de céder devant l'insistance de la jeune femme.

« Le général vous accorde cinq minutes. Je vous préviens : il vous connaît de réputation. Vous n'êtes pas en odeur de sainteté à Éden. »

Le sous-officier ponctua sa déclaration d'un rire aux éclats blessants.

Le bureau donnait sur le jardin où avaient poussé quelques arbres terrestres issus des semis cryogéniques du premier vaisseau de colonisation. Gulide patienta un long moment avant que le général, assis face à la baie vitrée, daigne se retourner et poser sur elle un regard intrigué. C'était un homme sans âge au visage étonnamment rond et doux en regard de la dureté avec laquelle il dirigeait les opérations de nettoyage.

« Voici donc la folle d'Éden. » Un petit sourire égaya son visage. « Je dois reconnaître que vous êtes à mille lieues de la description qu'on m'a faite de vous. Je ne vous imaginais pas aussi… belle. »

Le compliment laissa Gulide de marbre. Seuls les mots d'Erzer avaient le pouvoir de la bouleverser.

« J'ai un message à vous délivrer de la part des autochtones d'Izagar, enfin de Caïn. »

Une moue dubitative étira les lèvres du général.

« On peut donc communiquer avec ces espèces de crustacés géants ?

– Ces espèces de crustacés, comme vous dites, nous observent depuis des millénaires. Ils nous connaissent bien mieux que nous les connaissons. Ils savent ce dont les humains sont capables…

– Curieuse remarque de la part de créatures qui attaquent sans cesse les colons et leur bétail, coupa le général avec un geste impatient. Vos… amis n'ont pas la même conception de l'accueil que nous.

– Ils sont différents les uns des autres. Les uns sont restés des prédateurs primitifs, souterrains ou aériens. Les autres ont évolué et créé une civilisation dont nous aurions beaucoup à apprendre. C'est avec ces derniers que nous avons la possibilité d'échanger. »

Le général balaya l'air de la main. L'éclat de la lampe sensitive en suspension au-dessus de son bureau s'amplifia.

« Venez-en au fait, mademoiselle. J'ai beaucoup à faire.

– Les osoanor…

– Les quoi ?

– Osoanor, le nom de l'espèce intelligente dont je vous parlais. Ils nous donnent jusqu'à la prochaine grande marée pour suspendre les opérations de destruction et entamer des négociations. »

Le général hocha la tête d'un air sérieux avant d'éclater de rire.

« Folle. Finalement, votre surnom vous va à ravir. Il vous protège également : si j'ajoutais une once de foi à vos propos, je devrais vous faire arrêter pour entente avec l'ennemi, félonie, et ordonner votre exécution immédiate. Sortez de mon bureau maintenant.

– Écoutez, monsieur… »

Il se releva comme un diable à ressort et, dressé sur les pointes de ses pieds pour compenser sa petite taille, se planta devant elle.

« Je vous ai déjà trop entendue, mademoiselle. J'ai la responsabilité des opérations dans la région d'Éden, l'une de nos plus anciennes et prestigieuses colonies, et je n'ai pas de temps à perdre. Nous devons préparer Caïn aux nouvelles vagues de colonisation. Ce qui signifie éradiquer les sinistres monstres dont vous prenez la défense. S'ils avaient une pensée, un langage, les scientifiques nous l'auraient signalé depuis bien longtemps. Fichez le camp avant que je vous fasse enfermer. »

Gulide tenta de soutenir le regard de son vis-à-vis, mais l'intensité brûlante de ses yeux la contraignit à baisser la tête. Elle sortit de la pièce et, accompagnée du sourire narquois du sous-officier qui l'avait accueillie, elle remonta la rue en direction des hauts d'Éden.

« Le parti d'Izagar est de plus en plus puissant, murmura d'un ton las Kardal, le pasteur des Bas d'Éden. Ils vont finir par renverser le gouvernement.

– Il y a eu déjà tant de morts, et Izagar propose la paix, commenta Aldegarde, l'épouse de Kardal. On dit que le parti a été fondé par un membre de notre communauté. Est-ce vrai ? »

Kardal haussa les épaules.

« Comment voulez-vous que je le sache ?

– On dit que Gulide, la folle, était son amie d'enfance, poursuivit Aldegarde, les yeux toujours baissés sur son ouvrage. Il faudrait peut-être aller lui demander.

– Plus personne ne lui parle. »

Aldegarde releva la tête en soupirant.

« Ce que les hommes peuvent être sots, parfois, pardonnez-moi, Seigneur. Si, vous, leur pasteur, consentez à lui parler, elle sera à nouveau admise dans la communauté.

– Elle est considérée comme une traîtresse à l'espèce humaine. Une renégate. »

Aldegarde garda un temps de silence. Le jour s'invitait discrètement par la fenêtre du salon, colorant le sol et les murs d'une teinte vaguement rouille. La nuit n'allait pas tarder à tomber, la température s'abaisserait d'une bonne quinzaine de degrés, l'humeur des Édeniens serait massacrante jusqu'au retour du jour, dans soixante-seize longues quartes.

« D'après ce que je sais, elle a seulement voulu éviter la guerre et toutes ses atrocités, insista l'épouse du pasteur. Les militaires nous avaient promis une victoire facile, mais toutes les créatures de Caïn semblent s'être liguées contre les colons humains. Elles sont moins bêtes et mieux organisées que ce que nous nous plaisions à croire. Non seulement notre population n'augmente plus, mais elle commence à décroître. Nous vivons dans une peur et un deuil permanents. Je dis qu'il est temps d'écouter d'autres sons de cloche. On ne peut plus se contenter des rodomontades des militaires et des promesses des politiques. »

En tant que jeune pasteur, Kardal ne s'imaginait pas provoquer l'ire des membres de son église en renouant contact avec une proscrite. À deux reprises, les bonnes âmes avaient incendié la maison où résidait Gulide. Au cœur d'une nuit désespérante, elles l'avaient cherchée dans toute la ville avec la ferme intention de la brûler vive sur un bûcher dressé devant le temple principal. Elle était demeurée introuvable, comme mystérieusement avertie, ce qui à leurs yeux confirmait ses penchants diaboliques et son statut de sorcière. La guerre avait accentué les tensions. Les tancles, les chargnes volants et d'autres créatures moins volumineuses appelées les furfs pouvaient surgir n'importe où, n'importe quand, et tuer jusqu'à vingt habitants en quelques secondes. On n'était plus en sécurité nulle part. Les robots fouisseurs disparaissaient l'un après l'autre sans laisser de trace. Pour pallier l'inefficacité des unités mécaniques, l'état-major de NewTon envoyait désormais des hommes dans les sous-sols, jeunes pour la plupart. Ne disposant pas de volontaires en nombre suffisant, le gouvernement avait décrété la conscription. Après une courte formation, les hommes valides entre vingt et cinquante années terrestres étaient expédiés dans les galeries forées par des machines géantes. Armés de fusils à ondes, ils livraient d'obscures batailles dans les entrailles ténébreuses de Caïn contre un adversaire parfaitement adapté à son milieu. Les pertes sans cesse grandissantes avaient entraîné de vigoureux mouvements de protestation au sein de la population humaine et de violentes émeutes dans les rues de la capitale.

« Nous serons bientôt tous morts si nous persistons à nous cramponner à nos vieux principes, monsieur mon mari, reprit Aldegarde.

— Madame ma femme, les principes de notre religion sont intangibles, éternels, riposta le pasteur.

— Le Seigneur a dit qu'il ne fallait pas juger la pécheresse. Pour l'amour de moi, allez donc voir cette Gulide et tâchez d'apprendre ce qu'elle sait. »

Kardal contempla pendant quelques instants les flammes qui dansaient dans la cheminée de pierres noires. Aldegarde avait raison, comme toujours, en lui rappelant les préceptes fondamentaux de leur religion. Il se perdait trop souvent dans les arcanes des interprétations, et elle lui replongeait régulièrement la tête dans l'eau pure et fraîche des sources. Sans ajouter un mot, il se leva, enfila son manteau, ses gants, et sortit dans le crépuscule glacial sous le regard bienveillant de sa tendre épouse. Abel se couchait dans un déploiement fastueux de traînes orangées et pourpres.

Gulide habitait tout en haut de la cité, à cet endroit lugubre que les habitants appelaient le Pic maudit. Elle s'était installée dans une masure de berger abandonnée. Nul ne savait de quoi elle vivait, comment elle se chauffait, comment elle se vêtait, comment elle survivait dans de telles conditions. Kardal ne se souvenait pas de l'avoir aperçue dans les rues d'Éden ces derniers temps et douta qu'elle fût toujours vivante. Il frappa à la porte vermoulue de la masure, tendit l'oreille, ne perçut aucun bruit, rebroussa chemin, entendit un grincement, se retourna : une tête était apparue dans l'entrebâillement.

Des mèches blanches encadraient le visage émacié de Gulide. Ses yeux se posèrent sur le visiteur comme des oiseaux effarouchés.

« Que voulez-vous ? »

Le visiteur s'inclina.

« Je suis Kardal, le pasteur des Bas, et j'aimerais m'entretenir avec vous.

– À quel sujet ?

– La guerre. Ou plutôt, le moyen de l'arrêter. »

La porte de la masure s'ouvrit un peu plus largement.

« Vous vous rendez compte que vous parlez à une folle, une traîtresse ? »

Le pasteur souffla machinalement sur le bout de ses doigts qui commençaient à geler en dépit de l'épaisseur de ses gants.

« Nos âmes et nos cœurs se sont tellement endurcis, madame, que je ne sais plus très bien où se cache la sagesse. »

Gulide s'effaça pour inviter le visiteur à entrer. L'intérieur de la masure offrait une propreté étonnante en regard de son délabrement extérieur. Elle ne disposait pas de l'énergie par faisceau, mais trois pyro dernière génération dispensaient une chaleur et une lumière agréables. Gulide proposa au pasteur de s'asseoir sur l'un des deux sièges encadrant le pyro central et s'installa en face de lui.

« On dit que vous connaissez le fondateur du parti Izagar, attaqua Kardal sans préambule. Simple rumeur ou réalité ? »

Une ombre de tristesse glissa sur le visage de Gulide.

« Si vous voulez parler d'Erzer, je l'ai très bien connu, en effet, répondit-elle d'une voix sourde. Je ne l'ai pas revu depuis son départ, mais j'ai fini par apprendre qu'il a fondé le parti Izagar et qu'il milite pour la paix et le rapprochement entre les colons et les autochtones.

– Il n'a pas cherché à vous recontacter ? »

Kardal perçut le désespoir dans les yeux clairs de son interlocutrice. Il devina qu'elle s'était consumée d'amour pour Erzer jusqu'au desséchement et ressentit pour elle une immense compassion.

« Jamais. Je suppose qu'il a eu trop à faire, que sa cause dépassait les intérêts personnels. De mon côté, j'ai échoué. »

Elle lui raconta leurs visites à la vieille Omaline, la proscrite, leurs rencontres avec les créatures autochtones, sa dernière communication avec les émissaires osoanor, son entrevue avec le général, puis sa mise au banc de la société édenienne.

« Les osoanor ont observé pendant des millénaires notre lente évolution. Ils savent quelle espèce impitoyable nous pouvons être, et, comme nous avons refusé leur offre de paix, ils nous combattront jusqu'au dernier.

– Vous pensez qu'il est trop tard ? » demanda Kardal.

Les révélations de son interlocutrice ébranlaient les certitudes du pasteur. Si Dieu avait créé les hommes à son image, quelle place fallait-il faire aux créatures intelligentes, conscientes, de Caïn ?

« Je veux dire : vous serait-il possible de retourner voir les… comment les appelez-vous déjà ? oso…

– … anor.

– … osoanor pour, à notre tour, leur proposer la paix ? »

Gulide réfléchit quelques instants.

« Je ne peux pas garantir la réaction des osoanor. Et encore moins celle de nos gouvernants.

– J'irai à vos côtés et je vous soutiendrai, proposa Kardal. La parole d'un homme de foi aura peut-être un petit impact sur nos dirigeants. Elle fera en tout cas écho aux propos du parti Izagar. »

Gulide se sentit soudain irriguée d'une sève nouvelle. Une occasion lui était offerte de se racheter de son premier échec, de redonner une signification à sa vie baignée de solitude et de chagrin.

« Les osoanor nous laisseront-ils nous approcher d'eux ? murmura-t-elle. Vous prendriez un grand risque à m'accompagner. »

Kardal songea à Aldegarde, la femme qu'il aimait plus que lui-même. Plus que Dieu lui-même. Ce n'était pas un blasphème : Dieu manifestait sa gloire dans certaines de ses créatures, Aldegarde était de celles-là.

« J'accepte de prendre le risque », affirma-t-il d'une voix où perçaient de légères fêlures.

Ozmo lança un regard par-dessus son épaule. Il se retrouvait seul dans la galerie forée par les machines. Son bataillon s'était dispersé dans le labyrinthe souterrain. Le faisceau de sa lampe frontale éclairait les parois et la voûte noires et lisses. Son cœur cognait dans sa poitrine comme sur un tambour ; chaque battement l'ébranlait de la tête aux pieds. Au bout de quinze jours d'une formation tronquée, bâclée, les responsables du secteur d'Éden l'avaient expédié au feu sous le commandement d'un officier à peine plus âgé et expérimenté que lui.

La première attaque des tancles avait complètement désorganisé le bataillon. Les communications ne passaient plus à cette profondeur, et l'instinct de survie avait pris le pas sur la discipline. Un premier tentacule avait jailli d'un orifice et happé deux hommes. Les tirs des fusils à ondes ne l'avaient pas empêché de tracter ses victimes et de les broyer contre la roche, les abandonnant sans vie et atrocement mutilées sur le sol. L'officier avait commencé à paniquer, à donner des ordres contradictoires. Ozmo s'était coupé des autres en s'engageant dans la galerie désignée par son supérieur. Il s'était aperçu, au bout d'une centaine de mètres, que personne ne le suivait. Il s'était demandé s'il devait rebrousser chemin, puis s'était dit qu'un repli serait considéré comme un abandon de poste et qu'il subirait le sort réservé aux déserteurs : la mort. Il avait donc continué d'avancer, la gorge serrée, le ventre noué, l'index crispé sur la détente de son fusil.

Ozmo n'avait pas envie de mourir, pas maintenant. Depuis qu'il avait rencontré la belle Wislane, il jugeait Éden trop petite pour leur amour et projetait de partir s'installer avec elle à NewTon, la capitale. Elle avait les mêmes désirs que lui, elle voulait explorer les différentes régions de Caïn, leur monde, dont ils ne connaissaient que la chaîne de Jéricho et les rives de l'océan Nordial.

Une fois la guerre finie, ils partiraient, avec ou sans l'accord de leurs familles, ils travailleraient à NewTon jusqu'à ce qu'ils aient gagné de quoi s'offrir un long périple à bord de l'une de ces caravanes qui allaient de colonie en colonie.

Un mouvement devant lui. Furtif.

Il se figea, respiration suspendue. Le rayon de sa lampe frontale ne dévoila rien d'autre que les parois et la voûte. Il se demanda combien de temps il devrait encore arpenter cette galerie avant de rebrousser chemin sans que son retour ne fût considéré comme une désertion. Peut-être que s'il tuait l'une de ces saloperies et qu'il parvenait à la traîner jusqu'au point de rencontre, on le féliciterait au lieu de le fusiller. Il souhaita presque voir apparaître un monstre devant lui, tancle ou furf, peu importe.

Son vœu fut exaucé quelques instants plus tard : une forme grise et immobile se dressait au milieu de la galerie au sortir d'un ample coude. Un furf, moins volumineux et en principe moins dangereux qu'un tancle. Il repéra son unique tentacule qui reposait pour l'instant entre ses pattes avant. Des rigoles de sueur glacée s'écoulèrent du casque d'Ozmo, se glissèrent dans son cou, sinuèrent sur son torse et son dos. Le tentacule pouvait se déployer à la vitesse de l'éclair, le pic de son extrémité perforer le crâne de son adversaire comme un vulgaire papier.

Ozmo épaula son fusil avec une lenteur crispante ; un geste brusque aurait immédiatement déclenché l'attaque de son vis-à-vis. Tenant enfin le furf dans sa ligne de mire, il voulut presser la détente ; il n'en eut pas le temps. Son arme lui échappa des mains et vola dans les airs. Il eut besoin de deux ou trois secondes pour comprendre que le tentacule s'était déplié et emparé du fusil. La peur lui glaça le sang et le pétrifia. Il ne servirait à rien de fuir : les monstres des profondeurs se déplaçaient dix ou vingt fois plus vite que les humains.

Ozmo tomba à genoux. Ses rêves se fracassaient sur la roche noire de cette galerie. Il n'avait pas encore atteint les vingt ans, et il allait mourir dans les profondeurs de Caïn, finir dans l'estomac d'une créature hideuse qui défendait son territoire avec la même rage que les colons tentaient de l'en déloger.

Des images s'élevèrent de son esprit gelé. Il tenta de les ignorer, mais elles s'imposaient à lui comme si son esprit ne lui appartenait plus. Des hommes dans des paysages qu'il ne connaissait pas. Les scènes provenaient d'une mémoire inconnue. Des groupes humains pactisaient et fraternisaient devant un feu, devant une construction monumentale, sur un rivage océanique battu par le vent, devant une foule vêtue de blanc. Ces hommes étaient différents des colons de Caïn, et différents les uns des autres. Certains portaient des vêtements élégants, dentelés, brillants, d'autres allaient pratiquement nus et arboraient des motifs colorés sur leurs visages ou leurs poitrines, certains se tenaient dans une salle surchargée de dorures et semblaient ployer sous le poids de leurs responsabilités, d'autres s'entretenaient dans des pièces obscures ou sous une tente au milieu d'une forêt brumeuse, les vagues d'une foule en liesse déferlaient dans les rues et submergeaient les engins munis de longs canons, des couples dansaient sur les places, d'autres s'embrassaient à pleine bouche en riant. Puis des furfs apparurent à Ozmo, rassemblés dans une immense grotte. Leurs antennes frémissantes répandaient des vibrations de joie. Une fois la guerre finie, ils pourraient de nouveau se consacrer à leurs activités favorites, développer leurs perceptions, reprendre leur exploration de la galaxie comme Ozmo et Wislane rêvaient de découvrir leur planète. Il comprit que les suggestions mentales provenaient de la créature qui lui faisait face, qu'elle lui parlait de paix, et sa peur tomba subitement comme un vent d'été. Il se releva et s'avança vers la créature toujours immobile. Parvenu à moins de 2 mètres d'elle, il prit le temps d'observer ses antennes translucides, son tentacule toujours refermé sur son fusil, ses pattes ployées aux quatre articulations, sa carapace sombre, par endroits scintillante et parsemée d'excroissances semblables à des ocelles.

L'image d'une femme et d'un homme lui traversa l'esprit. Il reconnut Kardal, le pasteur des Bas, et Gulide, la folle, la traîtresse, celle que son père et d'autres habitants d'Éden avaient voulu une nuit brûler sur la place du temple principal.

Erzer regagna son domicile par la première navette aérienne.

NewTon se développait à une vitesse effarante. Les vagues de colons déferlaient à un rythme soutenu et bon nombre des nouveaux arrivants s'installaient dans les environs de la capitale. La ville primitive n'était plus désormais qu'un quartier excentré distant d'une trentaine de kilomètres de l'astroport où se succédaient les grands vaisseaux en provenance du système des origines.

Erzer les voyait débarquer, à peine remis de leur stase cryogénique, hagards, marchant d'un pas hésitant. Il leur fallait du temps pour se remettre de l'apesanteur, puis pour apprivoiser la différence de gravité entre la Terre et Caïn, pourtant minime. Leurs yeux se levaient avec inquiétude sur le ciel sombre, sur l'énorme disque orangé d'Abel, ou, s'ils arrivaient pendant la nuit, sur l'Œil, sur les satellites Joseph et Jakob. Ils ne parlaient pas, comme écrasés par la découverte de leur nouveau monde.

À peine eut-il ouvert la porte de sa maison que Komi et Amune, ses deux enfants, se précipitèrent sur lui pour se pendre à son cou. Il les cajola un petit moment avant de rejoindre Aone, son épouse, dans la vaste cuisine éclairée par la lumière déclinante d'Abel. Elle suspendit sa tâche pour lui adresser un sourire.

« Comment va le héros ? »

L'un des passe-temps favoris d'Aone était de se moquer de lui.

« Arrête avec ça », riposta-t-il sans conviction.

Même s'il avait pris une part non négligeable dans le processus de paix avec les osoanor, il n'était pas pour grand-chose dans le brusque revirement du gouvernement de Caïn et dans la cessation des hostilités. Les honneurs avaient rejailli sur lui, le fondateur du parti Izagar, et lui avaient valu le poste prestigieux de ministre responsable de l'immigration de NewTon, mais il savait au fond de lui-même qu'il n'avait pas emporté la décision, que le sort de la guerre et la survie de l'espèce humaine s'étaient joués ailleurs, à Éden plus précisément, dans sa communauté d'origine. Il n'avait pas assisté à l'entrevue du pasteur Kardal avec les représentants du gouvernement, pris par d'autres tâches. On lui avait rapporté ensuite que le pasteur était accompagné d'une femme et qu'ils avaient tous les deux rencontré des émissaires osoanor pour entamer des pourparlers de paix. Il était parvenu, grâce à ses relations, à obtenir des images de l'entrevue. Sa respiration s'était suspendue lorsqu'il avait reconnu la femme assise à côté du pasteur : Gulide.

« Quoi de neuf, mon amour ? »

Aone lui tendit une tasse de tal, la boisson chaude favorite des NewToniens.

« Rien de spécial. Un nouveau vaisseau est arrivé aujourd'hui. 50 000 colons. À ce rythme, Caïn va finir par être aussi peuplée que la Terre. Il va bientôt falloir réguler le flux si on veut respecter les accords avec les osoanor. »

Erzer but une gorgée de tal dont le goût amer s'accordait avec l'amertume de son âme.

« Tu sais bien que la conquête de Caïn est inéluctable, lança Aone avec une moue. Le traité n'est qu'un sursis pour les autochtones. Nous finirons par les submerger.

– Je ne te pensais pas aussi cynique.

– Je ne suis pas cynique, seulement réaliste. Si on regarde l'histoire de l'humanité, chaque fois que l'homme met le pied quelque part, il finit par devenir l'espèce dominante. »

Il fixa la nuque de son épouse de nouveau penchée sur son plan de travail. Élevée dans l'une de ces religions rigoristes en vogue chez les colons, elle refusait obstinément d'acquérir un robot ménager pour l'assister dans ses tâches domestiques. Le visage de Gulide s'imposa en lui. Des larmes lui vinrent aux yeux. Il regretta d'avoir rompu les ponts avec elle, de s'être laissé emporter par les courants, de s'être éloigné des rives enchantées de son enfance.

« Nous avons beaucoup à apprendre des osoanor. Eux seuls peuvent nous permettre de comprendre les mécanismes de cette planète. Nous restons pour l'instant des étrangers.

– C'est un beau discours, Erzer. » Aone lui caressa la joue du dos de la main avec une tendresse mêlée, lui sembla-t-il, d'une légère condescendance. « Malheureusement, peu d'hommes ont le cœur pur.

– Tant que j'aurai un souffle de vie, je me battrai pour que nous respections nos accords, je rappellerai sans cesse que les premiers habitants de cette planète auraient pu nous exterminer jusqu'au dernier.

– Les gens sont oublieux. Dans trois générations, ils seront persuadés que ce monde est le leur et considéreront les autochtones comme des indésirables, des étrangers. C'est l'évolution, Erzer, la lutte des espèces pour leur survie. »

Aone avait sans doute raison, mais Erzer n'avait pas envie de capituler. Comme il ne connaissait rien du monde d'origine de ses ancêtres, il s'était intéressé à la Terre, consultant les archives audiovisuelles dans la grande mémothèque de NewTon. Les hommes étaient parvenus à transformer en enfer leur magnifique petite planète bleue. Et les colons devraient faire preuve d'une extrême vigilance pour éviter à Caïn de subir le même sort. Il songea de nouveau à Gulide, et, de nouveau, son cœur s'emplit de tristesse.

« Qu'est-ce qui te tracasse, mon amour ? »

Aone était également une redoutable traqueuse d'émotions. Ses yeux sombres transperçaient les âmes.

« J'ai… » Il prit une profonde inspiration. « J'aimerais revoir ma communauté. J'en ai besoin. »

Elle hocha la tête.

« Nous avons tous besoin de retremper de temps à autre dans nos origines, dans nos racines. Prends le temps qu'il te faut.

– Il faut d'abord que j'en parle à la prochaine réunion ministérielle.

– Bah, ça ne devrait pas poser de problème. Tu disposes d'assez de seconds pour prendre quelques jours de congé. »

Il prit Aone par la taille et la serra contre lui. Alors seulement il s'autorisa à laisser couler ses larmes.

La beauté de son monde frappa Erzer comme s'il le voyait pour la première fois. La chaîne de Jéricho d'un côté, le Nordial de l'autre, l'immense grève grise au milieu. Abel brillait de tous ses feux dans un ciel bleu sombre transpercé de traits orangés.

L'aéro gouvernemental n'avait mis que deux heures à franchir la distance entre NewTon et Éden. Erzer avait donné au pilote la consigne de revenir le chercher dans trois jours[T], juste avant la tombée de la nuit. Il observa un long moment le mur d'enceinte de la cité à flanc de montagne, les toits de lauze dominés par les flèches des temples. Quelques maisons avaient grignoté les espaces réservés aux pâturages, les champs s'étaient étendus vers les hauts, les cicatrices des grandes marées s'étaient multipliées, boursouflées. Éden avait grandi, mais n'avait pas changé. Il projetait d'aller voir le pasteur Kardal et de lui demander où habitait Gulide. Il n'en eut pas besoin.

Une silhouette surgie de nulle part se tenait devant lui, nimbée de la lumière rouille d'Abel.

Gulide.

Le cœur d'Erzer se gonfla de joie.

« Erzer... »

La façon dont elle avait prononcé son nom le bouleversa.

« Tu es revenu.

– Comment... comment tu as su que j'étais là ? »

Elle sourit. Elle n'avait rien perdu de sa beauté en dépit des années égarées.

« Depuis que je revois les osoanor, certaines de mes facultés se développent. Il m'arrive de deviner certaines choses.

– Je suis si heureux de te revoir, Gulide. J'ai... tellement à te dire. Tellement à me faire pardonner. »

Elle s'avança vers lui et le prit par la main.

« Plus tard. Viens. »

Ils parcoururent le chemin qu'ils avaient maintes fois emprunté lors de leurs jeunes années, ils grimpèrent la même falaise, ils traversèrent le même plateau hérissé de rochers rouges et solitaires, se rendirent à la même grotte.

Ils y trouvèrent du monde. Des osoanor. Une dizaine, six mâles aux carapaces cuivrées et six femelles grises.

« Mes professeurs et amis, précisa Gulide. Ils nous apprennent comment éviter les tancles lors des grandes marées. Ils m'enseignent la longue évolution de notre espèce. Ils nous montrent comment progresser. Comment utiliser tout notre potentiel. »

Erzer sut alors qu'il avait enfin retrouvé sa place.

Qu'il était revenu dans son monde.

Cet ouvrage a été composé par IGS-CP
à L'Isle-d'Espagnac (16)
N° d'édition : 7381-3065-Y
Dépôt légal : mars 2014
Imprimé en France